Cook 50

U0023328

Cook 50

梁淑嫈 著

今天吃什麼？
家常美食100道

朱雀文化事業有限公司 出版

親愛的，今天吃什麼？

「今天吃什麼？」這個問題長期以來總深深困擾著每一個家庭主婦，不管社會再進步、科學再發達，調理一日三餐仍是很大的學問；也許將來有一天，人類只需一顆小藥丸就可解決一餐，但我想仍然有很多人不願放棄這麼多的美味，我們可以把三餐做得更簡化、更健康，但絕對不可能完全的捨棄。

許多的婦女，當你睜開了朦朧的雙眼後，首先跑進腦海裡的第一個問題經常是「今天要吃什麼？」緊接著你會詢問你的家人：「今天想吃什麼？」，可是通常所得到的答案都是簡單兩個字：「隨便」。這時「今天吃什麼」，便成了你一天開始的民生課題，打開冰箱開始思索著今天該烹調些什麼給你的家人呢？

基於以上的理由，我決定寫下這本食譜，幫助讀者更方便的解決三餐問題，讓婦女們有更多的時間去吸收新知識，而不必花太多的時間及心思在調理三餐上。

我將此書歸類成四大類，有早餐、簡易中餐、便當菜及晚餐，在早餐方面，我做了中、西式不同的變化，讓年輕一代多一點選擇；簡易中餐方面，以炒飯、炒麵之類較易烹調，且方便一、兩人食用的方式製作；晚餐則以兩菜一湯作搭配，非常適合小家庭。

這是我首次嘗試這種寫法，以簡單、方便為訴求，假如能受到讀者的肯定及接受，我會繼續編寫這類題材，期盼能收到讀者的回函及建議。如果有任何的指正和疑問，也請不吝告知：（02）2653-7254。

梁淑嫈

目 錄

dinner
晚餐篇
PART1快炒類

PART2/羹湯類

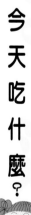

˥unch

中餐篇

PART1/便當菜

PART2/簡便快餐

breakfast
早餐篇
PART1中式早餐

PART2西式早餐

晚餐，全家團聚的時刻

　　儘管營養學家都建議，晚餐要吃得少，但是晚餐卻是一天當中，全家聚在一起愉快享用美食的時刻，所以媽媽們都會最注重晚餐的烹調讓全家人都能吃得飽吃得滿足。

　　依我個人的心得：吃的精緻、少吃點兒米飯，不過油、過膩、味道過重，菜色均衡搭配，視家中人口烹調份量，就是準備晚餐的原則。煮得過多，無形中就會吃的越多，口味太重，米飯就會多添幾碗；不要吃得太晚、太飽以及太少，同時，控制自己不要吃宵夜。

　　在我設計的食譜裡，較少有油炸類食物，且為了職業婦女考量，盡量以簡單方便為訴求，很快就能打理好一餐的。兩菜一湯的搭配，對一般小家庭來說，應該足夠了。

　　不造成身體過渡的負荷，均衡的營養攝取，與家人在笑談中共度一頓美好的晚餐時刻，這可是一天中最溫馨的時候喔！

今 天 吃 什 麼 ？

dinner

鹹蛋苦瓜

材料：

苦瓜	1條
鹹蛋	2個
蒜瓣	3粒
辣椒	2根
酒	1大匙
糖	1茶匙

做法：

1 苦瓜洗淨，挖除瓜瓤，切薄片；鹹蛋煮熟剝除外殼，切小丁；蒜瓣去蒂，以刀背拍鬆，去皮後剁碎；辣椒去蒂、去籽，切碎。

2 鍋中燒熱水，放入苦瓜汆燙，撈起後以冷水沖涼，瀝乾水份。

3 鍋內熱油2大匙，放入蒜、辣椒炒至香，加入苦瓜及鹹蛋拌炒，淋上酒，再加入糖，拌炒至入味即可。

聰明替代做好菜

※將鹹蛋改成小魚干，又是一道很好吃的菜餚，但必須加鹽調味。

簡單做菜有撇步

※苦瓜先行燙過後再炒，可去除其苦澀味。

※購買煮好的鹹蛋較方便。

※因鹹蛋已經很鹹了，所以不需再加鹽。

蠔油雞腿

材料：

去骨雞腿	2支
胡蘿蔔	數片
青椒	1/2個
蒜瓣	5粒
蔥	3根
薑	4片
蠔油	2大匙
糖	1茶匙
醬油	1大匙
胡椒粉	1/4茶匙
太白粉	2茶匙

做法：

1 去骨雞腿洗淨，擦乾水分攤平，撒上胡椒粉，均勻的抹上醬油，醃約20分鐘後再沾裹上太白粉。

2 青椒去籽切小片；蒜瓣去蒂，以刀背拍鬆去皮；蔥切斜段。

3 鍋中燒熱3大匙油，放入雞肉煎至金黃色盛起。

4 鍋內留油1大匙，放入蔥薑蒜爆香，放上糖炒至糖溶化，放入雞肉，再加入蠔油及1/4杯水，拌炒均勻，加蓋，燜煮約10分鐘，至水快收乾時，加入胡蘿蔔及青椒拌炒均勻即可。

聰明替代做好菜

※青椒也可改用豌豆莢代替；胡蘿蔔片則是為了配色裝飾用的。

簡單做菜有撇步

※使用去骨雞腿較容易煮熟且入味，同時小朋友吃起來也較方便。

今天吃什麼？

dinner

皮蛋燴甜豆

材料：
```
皮蛋.....................2個
太白粉...............2大匙
甜豆................200公克
醬油..................1大匙
鹽...................1/2茶匙
薑汁..................1茶匙
```

做法：
1 皮蛋剝除外殼，每個切成約6小塊，沾裹上太白粉。
2 甜豆摘除蒂及兩旁之老筋。
3 鍋中熱油3大匙，放入皮蛋拌炒至金黃色，再加入甜豆，淋上薑汁及醬油，再加入1大匙水，大火快速拌炒至湯汁收乾，以鹽調味即可。

聰明替代做好菜
※甜豆若改為菠菜，也非常好吃。

簡單做菜有撇步
※選擇皮蛋時，以手輕輕拍打，若很有彈性的皮蛋，品質較好。

番茄雞塊

材料：
```
雞腿.....................2支
番茄（中型）...........2個
洋蔥..................1/4個
醃漬嫩薑........約30公克
茄汁..................3大匙
糖....................1大匙
醬油..................1大匙
鹽...................1/2茶匙
水....................1/4杯
太白粉................1茶匙
```

聰明替代做好菜
※雞腿可使用一般夾心肉代替。

簡單做菜有撇步
※選擇紅透的番茄烹調，味道較好。
※雞肉一定要炒至變色，雞皮出油後再燜才會香。

做法：
1 雞腿洗淨，切塊；番茄切滾刀塊、洋蔥切粗絲；嫩薑切川。
2 鍋中熱油2大匙，放入洋蔥炒香，再加入雞塊，拌炒至肉變色，且看不到血水後，加入番茄拌炒，再加入薑片、茄汁、糖、醬油拌炒約2分鐘，加入水拌勻，加蓋燜煮約10分鐘，加鹽調味後，以調入1大匙水的太白粉勾芡，至成稠狀後盛起。

今天吃什麼?

dinner

紅燒腐竹

材料：

腐竹....................約3根
香菇........................3朵
蔥..........................2根
冬筍........................1根
胡蘿蔔....................數片
木耳........................1朵
小黃瓜......................1根
醬油......................2大匙
糖........................2茶匙
香油..................1/4茶匙

做法：

1 腐竹以水泡軟，或放入熱油鍋內炸至起泡撈起，切小段；香菇以水泡軟，洗淨去蒂，切4瓣；蔥切斜片；冬筍去殼及削去老皮；木耳去蒂切小塊；小黃瓜去蒂切片。

2 鍋中熱油2大匙，放入香菇、蔥炒香加入糖炒至糖化，再加入腐竹、冬筍，淋上醬油拌炒均勻，加入1杯水，加蓋以小火燜煮約10分鐘，至腐竹軟，加入胡蘿蔔、木耳拌炒均勻，最後加入小黃瓜，淋上香油即可。

聰明替代做好菜
※腐竹可使用麵筋或麵輪代替。

簡單做菜有撇步
※腐竹泡水煮較方便，使用油炸的方法煮後較香，但必須準備較多的炸油。

鳳梨雞片

材料：

罐頭鳳梨................1/2罐
雞胸肉................200公克
洋蔥....................1/4個
蔥花......................少許
番茄醬....................3大匙
糖........................2茶匙
香油..................1/4茶匙

①料
鹽....................1/4茶匙
胡椒粉....................少許
太白粉..................2茶匙

做法：

1 鳳梨倒掉水分，切小片；雞肉斜片成薄片，以①料拌勻；洋蔥切四方小片。

2 鍋內熱油2大匙，放入雞肉炒至變色後濾乾油盛起，再加入1大匙油並放入洋蔥炒香至軟，加入鳳梨、番茄醬及糖，加蓋燜約2分鐘後加入雞片。拌炒均勻，至雞熟後，淋上香油上撒蔥花即可。

聰明替代做好菜
※雞片也可以使用魚片代替，煎至表面上色後，煮法與雞片同。

簡單做菜有撇步
※也可使用新鮮鳳梨，若新鮮鳳梨較酸，則要多加點糖分。

dinner

枸杞炒蛋

材料：

雞蛋.................3個
枸杞.................3大匙
鹽.................1/2茶匙
香油.................1/2茶匙

做法：

1 雞蛋去殼打散，枸杞洗淨濾乾水分。
2 蛋液加入1大匙水打散後加入枸杞、鹽、香油拌勻。
3 鍋中熱油4大匙，放入蛋液，以中火拌炒至熟。

聰明替代做好菜
※蛋液可改為切丁的豆腐，不過豆腐要先煎過再放入枸杞炒。

簡單做菜有撇步
※炒時火不可太大，否則邊緣很容易燒焦，且炒時要盡量攪拌，使其熟度較均勻。

芝麻肉排

材料：

大里肌肉.................4片
鹽.................1/2茶匙
胡椒粉.................1/4茶匙
玉米粉.................2大匙
蛋白.................1個
白芝麻.................1/2杯
高麗菜.................2片

做法：

1 里肌肉以搗肉器拍打至較大片，均勻撒上鹽及胡椒粉，再撒上玉米粉，沾裹上蛋白，最後沾上白芝麻。
2 鍋中燒熱炸油，放入肉排，炸至金黃色盛起，切長條狀。
3 將高麗菜葉切細絲後鋪在盤底，擺上肉片即可上桌。

聰明替代做好菜
※炸豬排一般都在沾上蛋白後，再沾裹一層麵包粉；另外也可沾上杏仁角再炸，又是另一種吃法了。

簡單做菜有撇步
※里肌肉以搗肉器拍打，可將肉片上的筋打斷，使肉質變軟，更可使肉片看起來較大較薄，也較容易炸熟；家中沒有搗肉器，可使用刀背拍打。

今天吃什麼？

dinner

馬鈴薯炒肉絲　　紅燴草蝦

馬鈴薯炒肉絲

材料：
馬鈴薯.................2個
里肌肉...........150公克
醬油.................1大匙
太白粉...............1茶匙
鹽.................1/4茶匙
香油...............1/4茶匙

做法：
1 馬鈴薯去皮，切粗絲。
2 里肌肉切絲，拌入醬油、太白粉及1茶匙水，攪拌均勻。
3 鍋中熱油2大匙，放入肉絲炒至八分熟盛起，再放入馬鈴薯拌勻後，加入1/4杯水，加蓋燜約5分鐘，拌入肉絲，加入鹽，再拌炒均勻，最後以香油調味即可。

聰明替代做好菜
※里肌肉絲也可改用豬肉或牛肉。

簡單做菜有撇步
※馬鈴薯若發芽或呈現綠皮，則含有毒素，不要食用；削皮時最好能將馬鈴薯上之馬鈴薯眼先挖除。

紅燴草蝦

材料：
草蝦..................6隻
洋蔥................1/4個
冷凍什錦蔬菜.......約1杯
蠔油.................1大匙
醬油.................1大匙
糖...................1茶匙
太白粉...............1茶匙
香油...............1/4茶匙

做法：
1 草蝦剪去頭鬚，將腸泥以牙籤挑除，洗淨，濾乾水分。
2 洋蔥切四方小片；冷凍蔬菜以水沖至解凍。
3 鍋中熱油2大匙，放入洋蔥炒香至軟後，加入草蝦拌炒均勻，再加入蠔油、醬油、糖及1/4杯水，加蓋燜煮約3分鐘，加入什錦蔬菜煮約2分鐘後，以調入1大匙水的太白粉勾芡，最後淋上香油即可。

聰明替代做好菜
※草蝦可以海參代替，不過海參必須在洗淨後，先以蔥、薑、酒及水煮過，去腥後再烹調。

簡單做菜有撇步
※也可將蝦剝除頭、殼留尾，再烹調。
※使用冷凍蔬菜較為方便，不過也可使用新鮮蔬菜，但烹調前最好先將其燙過後，再以冷水沖涼，可保其顏色。

今天吃什麼？

dinner

肉末蘿蔔

材料：

粗絞肉...............100公克
白蘿蔔..........約300公克
糖......................1茶匙
醬油...................1大匙
鹽....................1/4茶匙

做法：

1 蘿蔔去皮，切條狀。

2 鍋中熱油2大匙，放入絞肉炒至金黃色出油後，加入蘿蔔，拌炒均勻後，加入糖，淋上醬油，拌炒數下，至蘿蔔顏色均勻後，加入1/4杯水，加蓋，燜煮約5分鐘，至蘿蔔軟，加入鹽調味即可。

聰明替代做好菜

※肉末可用剁碎的培根代替。

簡單做菜有撇步

※絞肉要炒至出油後，再加入蘿蔔，這樣味道才會香。

油燜羊排

材料：

羊排.....................7片
醬油...................4大匙
五香粉................1/4茶匙
太白粉.................3大匙
蔥.......................2根
薑末...................1大匙
蒜瓣..................約5粒
糖......................1大匙
烏醋...................1大匙
芫荽.....................1根

做法：

1 蔥切蔥花；蒜瓣以刀背拍鬆，去蒂、去皮剁碎；芫荽切小段。

2 取2大匙醬油及五香粉拌勻，放入羊排醃約1小時，取出沾裹上太白粉。

3 鍋中放入炸油，燒至七分熱，放入羊排，以小火炸至金黃色，撈起備用。

4 鍋內留油2大匙，放入蔥、薑、蒜炒香，加入糖炒至糖化，再加入羊排，淋上剩餘的2大匙醬油及1/2杯水，加蓋燜煮至水乾，加入烏醋拌勻，最後撒上芫荽即可。

聰明替代做好菜

※羊排可改用一般帶骨的豬排。

簡單做菜有撇步

※羊排炸過以後再燒，不僅肉質更酥軟，且可去掉其羶味。
※烏醋也有去腥的作用。

今天吃什麼？

dinner

燴牛肉丸子

材料：

牛肉............約300公克
肥肉............約50公克
芹菜末...........約2大匙
醬油.............1大匙
太白粉...........3茶匙
胡蘿蔔片..........數片
豌豆莢...........數片
蠔油.............2大匙
糖..............1茶匙
香油............1/4茶匙

做法：

1 牛肉與肥肉混合剁碎，加入醬油及1大匙水，再加入2茶匙太白粉用力攪打至有黏性，拌入芹菜末，做成1個個肉丸，放在平盤上，以大火蒸約15分鐘。

2 蠔油加入糖及1/4杯水燒沸後，放入肉丸，再加入胡蘿蔔片及豌豆莢，煮至豆莢熟後，以剩餘的1茶匙太白粉調入1茶匙水拌勻後勾芡，再淋上香油，即可起鍋。

聰明替代做好菜
※牛肉可以豬絞肉代替，若用豬絞肉則不必再添加額外的肥肉。

簡單做菜有撇步
※光是牛肉製作出的肉丸，質地較乾澀，所以我添加了少許肥肉吃起來較有滑潤感。

魷魚黃瓜

材料：

魷魚.............1/2條
黃瓜.............2根
薑片.............4片
辣椒.............1根
酒..............1茶匙
鹽.............1/2茶匙

做法：

1 魷魚切開，在內面切寬約0.5公分之直條深紋，但不要切斷，再橫切成薄片，第1刀不要切斷，第2刀再切斷；黃瓜切片；辣椒切片。

2 鍋中燒熱水，放入魷魚汆燙後，立刻以冷水沖涼，並濾乾水份。

3 鍋內熱油2大匙，放入薑、辣椒爆香後，放入魷魚，淋上酒，快速拌炒後，加入黃瓜，並以鹽調味，拌炒均勻即可起鍋。

聰明替代做好菜
※黃瓜也可改用其他蔬菜代替，如芹菜、四季豆、韭黃等。

簡單做菜有撇步
※魷魚燙過後，立刻放入冷水沖涼，可使魷魚肉質較嫩，若有冰水則效果更好，可使魷魚更脆。
※本道菜須使用大火快炒，以免將魷魚炒老，同時也要保持黃瓜的脆度。

今天吃什麼？

dinner

芹菜牛肚

材料：

牛肚（牛百頁）...約500公克
芹菜................200公克
蔥....................2根
薑....................3片
糖..................1茶匙
醬油................3大匙
蒜瓣..............約5粒
辣椒..................1根
酒..................1茶匙
鹽..............1/4茶匙
香油............1/4茶匙

做法：

1 蔥以刀背拍鬆，切約5公分小段；蒜瓣去蒂，以刀背拍鬆去皮，辣椒切斜片，芥菜摘除葉子，切小段。

2 鍋中放水，再放入牛肚汆燙後撈起。

3 鍋內熱油2大匙，放入蔥、薑炒香，再加入糖炒至糖化後加入醬油，再加入3杯水，放入牛肚，煮至沸騰後，改小火煮約1小時。

4 煮好的牛肚待涼切薄片；鍋內熱油2大匙，放入蒜及辣椒炒香，加入牛肚拌炒，淋上酒，再加入芹菜，以大火快速拌炒後，加入鹽及香油調味，炒勻即可起鍋。

聰明替代做好菜

※也可使用豬肚，洗豬肚時可用麵粉搓揉，很容易就可以洗乾淨。

簡單做菜有撇步

※牛肚可在有空閒時多煮一些，放在冷凍庫內儲藏；想烹調時再取出使用就非常方便了。

燴魚片

材料：

鯛魚.............約300公克
青椒................1/2個
熟胡蘿蔔片..........數片
薑..................約4片
高湯................1/4杯
鹽..............1/4茶匙
太白粉..............1茶匙
香油............1/4茶匙

① 料

鹽..............1/4茶匙
太白粉..............1茶匙
胡椒粉..........1/4茶匙
酒..................1茶匙

做法：

1 鯛魚切小片，加入①料拌勻，醃約10分鐘；青椒去籽切小片；太白粉加入1大匙水調勻。

2 鍋中熱油3大匙，放入魚片炒至八分熟，滴乾油後盛起。

3 將薑片放入鍋內炒熟，放入魚片，加入高湯煮約2分鐘，再將青椒、胡蘿蔔加入，至青椒熟，以調水的太白粉勾芡，加鹽調味，最後淋上香油即可。

聰明替代做好菜

※燴魚片的青菜可自行變換，如筍片、新鮮香菇、花椰菜等都很適合。

簡單做菜有撇步

※購買已經去骨的鯛魚片，食用時較方便且安全，也可選用其他無小刺的魚片。

※炒魚片時儘量小心拌炒，防止魚片破碎。

今天吃什麼？

dinner

辣炒碧玉筍

材料：
里肌肉絲..........100公克
碧玉筍..........200公克
破樹子..........2大匙
辣椒..........1根
蒜瓣..........3粒
醬油..........1大匙
糖..........1茶匙
鹽..........1/4茶匙

①料
醬油..........1大匙
太白粉..........1茶匙

做法：

1 里肌肉絲加入①料拌勻，醃約10分鐘；碧玉筍切小段，辣椒切片，蒜瓣去蒂，以刀背拍鬆。

2 鍋中熱油2大匙，放入肉絲拌炒至約八分熟，盛起。

3 鍋內再加入1大匙油，放入蒜瓣、辣椒炒香，加入破樹子，再加入碧玉筍，以大火快炒，淋上醬油，加入糖，拌炒至均勻後，加入肉絲，最後以鹽調味即可。

聰明替代做好菜
※若沒有破樹子，也可改用小魚干或不加也可以。

簡單做菜有撇步
※破樹子為醬漬食品，甘甘鹹鹹的，很適合烹調，無論炒菜、蒸魚、蒸肉都非常適合。

黑胡椒牛小排

材料：
牛小排..........3片
洋蔥..........1/4個
洋菇..........約10粒
黑胡椒粉..........1大匙
糖..........1茶匙
醬油..........1大匙
酒..........1大匙

做法：

1 將牛小排一片切為3等份，洋蔥切小片；洋菇切薄片。

2 鍋中放少許油，將牛肉放入，以中火煎至出油呈金黃色，加入洋蔥炒至軟，再加入胡椒粉，淋上酒，再加入醬油、糖及洋菇拌炒均勻即可。

聰明替代做好菜
※不吃牛肉的人可將牛小排改成豬排。

簡單做菜有撇步
※洋菇可使用新鮮的或罐頭洋菇，使用新鮮洋菇，則必須先用熱水汆燙過；若使用罐頭洋菇，則只須將罐頭內的水倒出濾乾即可。

今天吃什麼？

dinner

豆干牛肉絲 _ 檸檬魚 _

材料：

五香豆腐干............6塊
牛肉............約150公克
蔥..................3根
辣椒.................2根
醬油................1大匙
糖..................1茶匙
胡椒粉...............少許
香油...............1/4茶匙

①料
醬油................1大匙
水..................1茶匙
太白粉...............1茶匙

做法：

1 豆腐干橫片成4片後，再切
成細絲；牛肉逆絲切成絲，
以①料拌勻後醃約10分鐘；蔥
切斜段；辣椒切斜片。
2 鍋內熱油2大匙，放入牛肉
炒至八分熟撈起，再加入1大匙
油及蔥、辣椒炒香後，加入豆
干絲拌炒，並加入醬油、糖及
1大匙水，拌炒約2分鐘至豆干
軟後，加入牛肉絲及胡椒粉，
拌炒至牛肉熟，淋上香油拌勻
即可。

聰明替代做好菜
※可將豆干改成百頁，百頁買發泡
過的使用起來較方便。

簡單做菜有撇步
※若希望牛肉絲較嫩，可在拌入
①料後再加入1/4茶匙調水的蘇
打粉。

材料：

鱸魚..................1條
鹽................1/4茶匙
酒..................1大匙
糖..................2茶匙
蔥..................3根
薑..................數片
蒜瓣.................5粒
辣椒.................3根
檸檬...............約2個
魚露................2大匙
芫荽.................2根

做法：

1 蔥切斜段；蒜瓣去蒂，以刀
背拍鬆去皮剁碎；辣椒去籽剁
碎；檸檬壓汁，約取1/4杯；
芫荽切小段。
2 鱸魚洗淨，由腹部剖開攤平，
在背部斜劃數刀，再均勻的抹
上鹽及酒，上鋪蔥、薑，以大
火蒸約12分鐘。
3 將蒸魚蒸出之湯汁加入糖攪
拌至糖溶化，再加入魚露、檸
檬汁、蒜末及辣椒末，調勻後
淋在蒸好的魚上，上撒芫荽。

聰明替代做好菜
※也可使用石斑魚，石斑魚雖較貴，但口感較好。基本上選魚一定要選
擇眼睛明亮、肉質結實的魚才較新鮮。

簡單做菜有撇步
※將魚剖開攤平，蒸起來較快熟；蒸魚時間也要因魚的大小自行稍做調
整，見魚眼凸出，魚背的肉很容易就可用筷子扒開，則魚已熟。
※魚露很鹹，添加時要注意一下味道。

今天吃什麼？

晚餐篇–part 2羹湯類　晚餐篇–part 2羹湯類　晚餐篇–part 2羹湯類　晚餐篇–part 2羹湯類　晚餐篇–part 2羹湯類

調製好湯不困難

　　隨著時代越來越進步，現代人也越來越要求新速食簡，對於「洗手做羹湯」這種講究火候、需要長時間烹煮的事，似乎越來越怯步了；所以常見一般家庭主婦對各種菜色倒是用心搭配，但一想到要搭配的湯，卻多半一個頭兩個大，變來變去就是青菜豆腐湯、酸辣湯、玉米蛋花湯、魚丸湯輪流替換，要不就是罐頭湯隨意應付了事。很多小朋友也因此而不愛喝湯，吃飯時配可樂、果汁成為習慣，導致現代孩童多半營養失調，實在是不好的飲食方式。

　　其實要調製一份好湯並不是難事，最簡單的方法就是先以排骨或雞架子、雞腿等熬好高湯後，依自己喜愛，加入各種不同的蔬菜，如菜心、蘿蔔、金針等，也可以加上香菇、海帶等，即可製成一道美味可口的湯品。若你想調配羹湯類的湯餚時，記得將配料切小丁或切絲，再以調了水的太白粉或地瓜粉勾芡。

　　在本單元裡，我所設計的10道湯羹都很好做，相信職業婦女下了班後，很輕鬆就可以烹調成功。同時如材料特別豐富的油豆腐泡菜鍋、肉丸子砂鍋等，還可以當成主菜，希望能為你省下更多工夫。而如果想做些更簡單的湯品，在中餐的單元中，我另外設計了10道簡便配湯，也可提供你參考。

今天吃什麼？

dinner
白菜麵筋湯

材料：

山東白菜	約400公克
香菇	3朵
扁魚	3片
油泡麵筋	約20粒
鹽	1/2茶匙

做法：

1 山東白菜洗淨後切成小片，或以手摘成小段；香菇以水泡軟切絲；扁魚以熱油炸酥；油泡麵筋以熱水燙過後，撈起，再以冷水沖涼後捏乾水分。

2 鍋中熱油2大匙，放入香菇炒香，再加入白菜拌炒後，加入扁魚，再加入5杯水，加蓋燜煮約15分鐘，再加入油泡麵筋，拌勻後，繼續燜煮約15分鐘，最後以鹽調味即可。

聰明替代做好菜

※麵筋可以發泡過的百頁替代，在菜市場賣豆腐的攤子都買得到。

簡單做菜有撇步

※炸扁魚時要注意，火力不要太大，否則容易炸焦，變苦後就不好。
※油泡麵筋先行燙過後再煮，比較不會有回油味道。

dinner

蘿蔔粉絲湯

材料：

蘿蔔..........1/2根（約300公克）
家鄉肉（金華火腿）........數片
青蒜.....................................1根
蝦米.................................1大匙
酒.....................................1茶匙
粉絲.....................................1包
鹽.......................................適量
胡椒粉.................................適量

做法：

1 蘿蔔削除外皮，切成約0.5公分寬細絲；青蒜切絲，將蒜白與綠葉部份分開；蝦米以水泡軟，濾乾水分；粉絲以水泡軟後，由中心部位剪開。

2 鍋中熱油1大匙，放入家鄉肉片、蒜白及蝦米，以小火炒香，淋上酒，再放入蘿蔔絲拌炒均勻後加入水，蓋上蓋子，以大火煮滾後，再改小火燜約5分鐘。

3 加入粉絲，煮至粉絲軟後，以鹽調味再撒上青蒜絲即可。

聰明替代做好菜

※可以臘肉或培根替代金華火腿。

簡單做菜有撇步

※因金華火腿味較鹹，添加鹽巴時，請自行留意一下。
※粉絲先剪短後再煮，否則太長，食用時較不方便。
※喜歡帶點辣味，或是體質較寒者，可加入少許胡椒粉調味。

今天吃什麼？

dinner
芥菜肉片湯

材料：

芥菜心	300公克
里肌肉片	150公克
草菇	數朵
薑絲	2大匙
高湯	1杯
鹽	1/2茶匙

① 料

鹽	1/4茶匙
太白粉	1茶匙
水	1茶匙

做法：

1 芥菜心橫切成較小片，放入熱水內汆燙後撈起，再以冷水沖涼後濾乾水分；里肌肉片以①料拌勻。

2 湯鍋內放入高湯，再加入3杯水，煮沸後加入芥菜，加蓋以小火煮約5分鐘，加入肉片，再加入草菇，煮至肉片熟後，以鹽調味，並撒上薑絲。

聰明替代做好菜

＊芥菜心可改用一般菜心或大黃瓜，使用大黃瓜則必須去皮去籽。

簡單做菜有撇步

＊芥菜心先燙過後，再以冷水沖涼，可防止其再煮後變黃，同時煮出的湯較不會有澀味。

＊放入肉片時最好能一片片平舖放上，以免肉片結成一團；若一次將肉片放入，肉片無法立刻燙熟，且會造成湯汁較混濁。

dinner

百合雞湯

材料：

小土雞	1隻
百合	2粒
枸杞	1大匙
鹽	1茶匙

做法：

1 雞洗淨，放入熱水內汆燙過撈起。

2 大湯碗內放入雞，再放入水，淹蓋過雞，以大火蒸約1小時，加入百合、枸杞，繼續蒸約20分鐘，最後加入鹽調味。

聰明替代做好菜

※新鮮百合也可改用乾燥的百合，在中藥行都買得到。

簡單做菜有撇步

※若是使用乾燥的百合，最好先泡水2小時以上，以免燉出的湯帶有酸味。

※雞也可放入電鍋內蒸，先在外鍋放入2杯水，待開關跳起時，加入百合及枸杞，再在外鍋加入1/2杯水，繼續蒸至開關跳起時即可。

今天吃什麼？

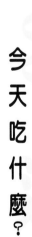

dinner

竹笙排骨湯

材料：

排骨.............................300公克
干貝.................................3個
香菇.................................5朵
冬筍.................................1根
竹笙...........................約10根
蛤蜊...........................約10粒
鹽.............................1/2茶匙

做法：

1 香菇以水泡軟，洗淨捏乾水分，去蒂切半；干貝以水浸泡約30分鐘；冬筍剝除外殼，切除老皮，切片。竹笙以水泡軟後切斜段。

2 排骨洗淨，以熱水汆燙後撈起，鍋中另燒約6杯水，燒沸後加入排骨及干貝以小火燉煮約40分鐘。

3 再加入香菇、冬筍及竹笙，繼續煮約20分鐘，加入蛤蜊，待蛤蜊張開後加鹽調味即可。

聰明替代做好菜

※排骨可用土雞塊代替，煮法與排骨相同。

簡單做菜有撇步

※排骨先燙過去除血水後再煮，可使湯頭較清澈。
※加了干貝可使湯更鮮美，不過也可省略。

dinner

西洋菜排骨湯

材料：

西洋菜	300公克
排骨	300公克
紅棗	約10粒
薑絲	2大匙
鹽	1/2茶匙

做法：

1 西洋菜洗淨，摘小段；排骨以熱水汆燙後撈起，再以冷水沖涼；紅棗洗淨，以水浸泡約20分鐘。

2 鍋中燒熱6杯水，放入排骨，煮沸後，改小火熬煮約20分鐘，加入西洋菜及紅棗，繼續再煮約15分鐘，起鍋前以鹽調味，並撒上薑絲。

聰明替代做好菜

※排骨可用土雞塊代替。

簡單做菜有撇步

※西洋菜煮的時間可依個人喜好增減，喜歡吃較脆的人可將時間減少，愛吃較爛的，則可加長燉煮的時間；我個人則喜歡吃較爛的，總覺得燉得久一點味道較香。

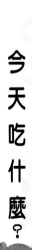

今天吃什麼？

dinner
鍋巴海鮮湯

材料:

蝦仁...........................200公克
透抽...........................200公克
大黃瓜........................300公克
筍丁...............................1杯
高湯...............................1杯
鹽.............................1/2茶匙
薑絲.............................1大匙
炸好鍋巴.........................3片

①料
鹽.............................1/4茶匙
太白粉...........................1茶匙

做法:

1 蝦仁抽除腸泥,洗淨,透抽切薄片,一起放入碗內,加入①料醃約10分鐘;大黃瓜切丁。

2 湯鍋內放入高湯,再加入3杯水,並將黃瓜及筍丁加入,加蓋煮至滾後,改小火繼續煮約5分鐘,加入蝦仁、透抽煮至熟後,加鹽調味,再撒上薑絲。

3 食用時再放入鍋巴在湯內,將米粒拌開即可。

聰明替代做好菜

※黃瓜可以菜心代替,味道也很清甜。

簡單做菜有撇步

※鍋巴在超市可購買到已經炸好,真空塑膠袋包裝的,使用起來非常方便,你也可自行油炸,不過就麻煩多了。

dinner

豆腐鮮魚羹

材料：

嫩豆腐	1塊
鮮魚肉	200公克
玉米粒	2大匙
高湯	1杯
鹽	1/2茶匙
太白粉	1大匙
雞蛋	1個
薑絲	2大匙
芫荽	1根

做法：

1 嫩豆腐及鮮魚肉分別切丁；雞蛋去殼打散；芫荽切小段；太白粉與2大匙水調勻備用。

2 湯鍋內放入高湯，再加入3杯水，煮沸後加入豆腐、魚肉、玉米粒，至魚肉熟，加入鹽調味，再以調水的太白粉勾芡，最後淋上蛋液，撒上薑絲及芫荽，也可添加少許胡椒粉。

聰明替代做好菜

※魚肉可改為蝦仁，不過蝦仁一定要記得剔除腸泥。

簡單做菜有撇步

※鮮魚選擇肉質較嫩，且無刺者為佳，現在超市有販賣冷凍去骨的鯛魚片，使用起來非常方便。

※豆腐選擇嫩豆腐較適宜。

今天吃什麼？

dinner
油豆腐泡菜鍋

材料：

韓國泡菜............................約2杯
油豆腐..............................約6塊
蝦................約5隻（中等大小）
鮑魚菇...............................3片
粉絲.................................1把
鹽...................................適量

做法：

1 蝦洗淨，抽除腸泥；粉絲以水泡軟後，由中心部位剪開。

2 鍋內放入5杯水，加入泡菜煮至滾後，放入油豆腐，加蓋，以小火煨煮約10分鐘。

3 最後加入蝦，鮑魚菇、粉絲，煮至粉絲軟後，以鹽調味即可。

聰明替代做好菜

※也可以新鮮豆腐煮泡菜鍋。

簡單做菜有撇步

※這是一道非常方便又好吃的砂鍋，現在在超級市場，隨時都可購買到醃漬好的韓國泡菜，味道非常好，不須自行醃泡，但記得最好選擇以山東白菜泡漬的味道較好。

※由於廠牌的不同，泡菜口味也會有所差異，所以在最後添加鹽巴時請自行斟酌一下。

dinner

肉丸子砂鍋

材料：

絞肉......................250公克
荸薺..........................5粒
蔥花........................1大匙
醬油........................2茶匙
太白粉......................2茶匙
山東白菜..................300公克
豆腐..........................1塊
青蒜..........................1根
金針菇......................1小把
竹輪..........................數條
粉絲..........................1把
鹽........................1/2茶匙
香菇..........................3朵

做法：

1 荸薺拍碎再剁碎後捏乾水分。

2 絞肉加入荸薺、蔥花、醬油、太白粉攪打成泥後，做成1個個小球，再放入熱油內炸至金黃色，盛起濾乾油。

3 山東白菜洗淨，以手摘成大塊；豆腐切小塊；蒜切斜片；金針菇切除蒂部；粉絲以水泡軟，由中心處切兩段；香菇以水泡軟去蒂切絲。

4 鍋中熱油兩大匙，放入蒜及香菇炒香，加入白菜，炒至軟，加入水，煮至滾，加入肉丸、豆腐、金針菇、竹輪、以小火燜煮約15分鐘，加入粉絲，並以鹽調味，待粉絲熟即可食用。

聰明替代做好菜

※山東白菜也可用青江菜代替，青江菜最好先以熱水汆燙後再以冷水沖涼，在烹調時較能保持青江菜的嫩綠及清脆。

簡單做菜有撇步

※炸丸子時，火力不要太大，否則容易炸焦。

今天吃什麼？

便當，兒時的美好回憶

　　打開便當，呈現在你眼前的即是媽媽的愛心；一成不變的便當，缺乏創意的菜餚，往往會讓人產生排斥，並不是要抹剎媽媽的一番苦心，但付出同樣的心力，不如讓我們做出更好的成品，讓付出的人和享用的人都皆大歡喜。

　　在你的一生中，是否曾留下幾件讓兒女值得驕傲的回憶呢？我有一位朋友，至今仍懷念著學生時代，媽媽為他親手烹調的便當；他記得每天中午最興奮的時刻就是打開便當的那一刹那，看到媽媽今天又為他準備著不一樣的菜色，不同的口味、變化的擺飾，在那個物資匱乏的年代，母親準備的便當，為他的每一天增添期望。

　　製作便當的重點，在於蒸後菜色和味道不會變，太腥、味道太重的材料都不適合製作便當，油炸類的食品更不適合，綠葉蔬菜蒸後容易變黃變黑，吃來也會讓人倒味，一般用以蒸或煮的食材比較適宜。了解以上的重點，多用點心和創意在便當菜色的陳列上，相信製作出好吃又好看的便當菜難不倒你。

今天吃什麼？

lunch

香菇燒肉

材料：

豬肉...............500公克
冬筍...................2根
香菇...................5朵
蒜瓣...................3粒
蔥...................3根
薑...................4片
冰糖.................1大匙
酒...................1大匙
醬油.................3大匙
香油...............1/4茶匙

做法：

1 豬肉切小塊；冬筍去除外殼，削去老皮；香菇以水泡軟，洗淨，去蒂切半；蒜瓣去蒂，以刀背拍鬆，去皮；蔥以刀背拍鬆，切斜段。

2 鍋中熱油2大匙，放入蔥、薑、蒜爆香後，加入冰糖以小火拌炒至溶化，放入豬肉，炒至肉變色，再入香菇、淋上酒、加入醬油，拌炒至上色後，倒入水2杯，加蓋煮滾，以小火燜煮約20分鐘；最後加入冬筍，繼續燜煮約20分鐘，至水快收乾時淋上香油即可。

聰明替代做好菜

※豬肉可用夾心肉或後腿肉，也可使用五花肉：但五花肉最好先炸過再燒。
※若沒有冬筍，可使用一般筍代替。

簡單做菜有撇步

※先將冰糖炒至融化，再加入豬肉拌炒，可使煮後的肉色較漂亮。

樹子高麗菜

材料：

高麗菜..........約300公克
樹子.................2大匙
薑片...................3片
鹽.................1/4茶匙

做法：

1 高麗菜洗淨，以手摘成小塊。
2 鍋中熱油11/2大匙，放入薑片炒香，加入樹子，再加入高麗菜，以大火快速拌炒至熟後，以鹽調味即可。

聰明替代做好菜

※市場上有一種球狀的高麗菜芽，炒起來更脆且好吃。

簡單做菜有撇步

※樹子本身已有鹹味，添加鹽時味道可自行刪減。

魚香肉末

材料：

絞肉...............100公克
木耳...................1朵
荸薺...................5粒
豆腐干.................2塊
蔥花.................1大匙
蒜末.................1大匙
薑末.................1茶匙
醬油.................1大匙
糖...................1茶匙
鹽.................1/4茶匙
香油...............1/4茶匙

做法：

1 木耳去蒂，洗淨切小丁；荸薺去皮切小丁；豆腐干切小丁。
2 鍋中熱油1大匙，放入絞肉炒至出油，呈金黃色時，加入蔥、薑、蒜拌炒至香後，加入木耳、豆腐乾，並淋上醬油，加入糖拌炒至上色入味後，加入荸薺，再加入鹽調味拌炒均勻撒上蔥花、淋上香油即可。

聰明替代做好菜

※荸薺可用涼薯來代替。

簡單做菜有撇步

※若以不沾鍋烹飪，鍋中可先不放油，待放入絞肉炒出油後，視出油量多寡再放油，可減少油的使用量。

今天吃什麼？

Lunch

冬瓜肉餅

材料：

絞肉.............................300公克
醃漬冬瓜.............................1小塊
糖.............................1大匙
醬油.............................1大匙
荸薺.............................5粒
蔥.............................1根

做法：

1 醃漬冬瓜剁碎；荸薺去皮剁碎；蔥切成蔥花。
2 絞肉加入冬瓜、糖、醬油、荸薺、蔥花，用力的攪打均勻，平舖在盤內（圖1），以大火蒸約20分鐘。

1

聰明替代做好菜
※醃漬冬瓜可改以一般醬瓜或蔭瓜。

簡單做菜有撇步
※醃漬冬瓜味道多有不同，有的非常鹹，買時最好能先注意挑選，盡量不要選擇太鹹的，同時在添加時，要先測試一下味道，再決定使用的份量。

玉米蝦仁

材料：

蝦仁.............................約200公克
青豆仁.............................1大匙
玉米粒.............................3大匙
鹽.............................1/2茶匙
太白粉.............................1茶匙
酒.............................1茶匙
香油.............................少許

做法：

1 蝦仁抽除腸泥，切小塊；青豆仁放入熱水內燙熟後，以冷水沖涼。
2 蝦仁加入1/4茶匙鹽及太白粉攪拌均勻。
3 鍋中熱油2大匙，放入蝦仁拌炒至變色後，將蝦仁盛起，再放入玉米粒及青豆仁，淋上酒，加入剩餘之1/4茶匙鹽，拌炒均勻後，加入蝦仁，炒至熟，淋上香油即可。

聰明替代做好菜
※蝦仁也可改用雞丁。

簡單做菜有撇步
※罐頭玉米粒不需再煮即可食用，所以烹調時間不必太久，較方便；當然你也可使用新鮮玉米粒，但煮的時間就要稍久一點。

雪菜百頁

材料：

雪菜.............................200公克
發泡好百頁.............................150公克
薑絲.............................1大匙
香油.............................1大匙
鹽.............................1/2茶匙

做法：

1 雪菜切小段；百頁以手摘成小片。
2 鍋中放入香油，再加入薑絲炒香後，加入雪菜及百頁，再加水1/4杯，燜煮約3分鐘，加入鹽調味即可。

聰明替代做好菜
※百頁可改用油泡麵筋，但使用油泡麵筋需先以熱水汆燙後再以冷水沖涼，擰乾水分後才烹調。

簡單做菜有撇步
※百頁需先發泡好，泡時在水內加入1/4茶匙蘇打粉浸泡至變成乳白色後，以水沖乾淨才可使用。也可以購買已經發泡好的百頁。

今天吃什麼?

lunch

雪菜雞片

材料：

雞胸肉	約300公克
雪裡紅	200公克
薑絲	1大匙
鹽	1/2茶匙
太白粉	2茶匙
香油	1/4茶匙

做法：

1 雞肉切約0.5公分厚之大薄片，加入鹽、太白粉拌勻；雪裡紅洗淨切小段。

2 鍋中熱油2大匙，放入肉片煎至表面變色，加入薑絲及雪裡紅，並加入1/4杯水拌勻，以小火燜約5分鐘，淋上香油即可。

聰明替代做好菜
※雞片可改用鯛魚片，做法相同。

簡單做菜有撇步
※雪菜葉片上常沾有細砂，洗時一定要將葉片撐開，才能徹底的清洗乾淨。

蟹腿花椰

材料：

蟹味棒	5條
綠色花椰	300公克
鹽	1/2茶匙

做法：

1 蟹味棒切半，撕成絲，或以刀背壓成絲；花椰菜摘成小朵，洗淨。

2 鍋中熱油1大匙，放入花椰菜，拌炒均勻後，加入蟹味棒及1/4杯水，攪拌均勻，加蓋燜約3分鐘，以鹽調味即可。

聰明替代做好菜
※綠色花椰可改成一般白色的花椰菜。

簡單做菜有撇步
※蟹味棒在一般賣火鍋料的攤子或超市都可買到，使用前要先將表面的塑膠袋撕下。

蔬菜炒蛋

材料：

冷凍什錦蔬菜	2大匙
雞蛋	2個
鹽	1/3茶匙

做法：

1 冷凍蔬菜以水沖至解凍，濾乾水分。

2 雞蛋去殼打散，加入鹽及蔬菜攪拌均勻。

3 鍋內熱油3大匙，放入蛋液，拌炒至蛋熟即可。

聰明替代做好菜
※也可以用新鮮胡蘿蔔、玉米粒及青豆仁，但使用前要先燙熟。

簡單做菜有撇步
※可將冷凍蔬菜剁碎後拌在蛋液中，再將蛋煎成蛋餅。

今天吃什麼？

Lunch

乾煎大蝦

材料：

大草蝦...............6隻
醬油...............1大匙
鹽...............1/2茶匙
太白粉...............2茶匙
蔥...............2根
薑末...............1大匙
胡椒粉...............少許
酒...............1茶匙

做法：

1 大草蝦剝除外殼，以牙籤抽除腸泥，洗淨後擦乾水分，再以1/4茶匙鹽及太白粉拌勻；蔥切成蔥花。
2 鍋中放入2大匙油，加入蔥、薑爆香，放入草蝦炒至變色，淋上酒、醬油，再加入胡椒粉、剩餘1/4茶匙鹽，乾煎至蝦熟即可。

聰明替代做好菜
※草蝦可改用白帶魚或鯧魚。

簡單做菜有撇步
※煎時火力不須太大，以免蝦未入味前，蔥、薑已經燒焦。

豌豆肉絲

材料：

豌豆莢...............約10片
里肌肉...............約200公克
蒜末...............1大匙

①料
醬油...............1大匙
太白粉...............1茶匙
水...............1茶匙
鹽...............1/4茶匙

做法：

1 豌豆莢摘除兩旁之老筋，洗淨後切絲；里肌肉切絲以①料拌勻。
2 鍋中放入2大匙油，加入肉絲拌炒至約八分熟，瀝乾油撈出，在鍋內放入蒜末炒香後，加入豌豆及1大匙水，拌炒均勻，再加入肉絲炒至熟，最後以鹽調味。

聰明替代做好菜
※里肌肉可使用牛肉或豬肉，豌豆夾可改用四季豆。

簡單做菜有撇步
※豌豆夾必須以大火快炒才會脆；若使用牛肉必須逆絲切，口感才不會太老。

雪菜豆干

材料：

雪裡紅...............200公克
豆腐干...............3塊
醬油...............1茶匙
鹽...............1/2茶匙
薑...............3片
糖...............1茶匙
香油...............1/4茶匙

做法：

1 雪裡紅洗淨捏乾水分，切小段；豆腐干切小丁。
2 鍋內熱油2大匙，放入豆腐干拌炒至軟，加入雪裡紅及薑片，淋上醬油，加入糖，再加入2大匙水，加蓋燜煮約3分鐘，最後以鹽調味，並淋上香油即可。

聰明替代做好菜
※雪菜可以改用酸菜，酸菜切好後最好先以水浸泡約20分鐘後捏乾水分再炒，較不會太鹹或太酸。

簡單做菜有撇步
※炒雪裡紅時可用香油代替沙拉油，炒起來更香更好吃。

今天吃什麼？

lunch

油豆腐釀蔬菜

材料：
油豆腐..................6個
魚漿..................200公克
冷凍什錦蔬菜........3大匙
玉米粒..................1大匙
醬油..................1大匙
糖..................1茶匙

做法：

1 油豆腐剪開一洞；冷凍什錦蔬菜以水沖至解凍後濾乾水分，與玉米粒混合剁碎。
2 魚漿與剁碎的蔬菜攪拌均勻，填入油豆腐內，盡量塞緊。
3 鍋內放入醬油，糖及1杯水，煮至滾後，放入油豆腐，以小火燜煮約10分鐘，食用時切半即可。

聰明替代做好菜
※魚漿在市場賣魚丸的店內都可購買得到，若無法買到時，可使用蝦仁剁成泥代替。

簡單做菜有撇步
※因市場賣的魚漿已經添加味道了，所以在拌蔬菜時可以不必加調味料。

辣味蘿蔔乾

材料：
碎蘿蔔乾..........200公克
絞肉..................100公克
辣椒..................2根
蒜瓣..................3粒
醬油..................1茶匙
糖..................2茶匙

做法：

1 蘿蔔乾以水浸泡約10分鐘，捏乾水分；辣椒去籽剁碎。蒜瓣去蒂，以刀背拍鬆，去皮剁碎。
2 鍋中熱油2大匙，放入絞肉炒至出油且呈金黃色後，加入辣椒及蒜末炒香，再加入蘿蔔乾，淋上醬油，最後加入糖拌炒至均勻即可。

聰明替代做好菜
※將蘿蔔乾改成酸菜，又是一道很下飯的辣味酸菜：配料都相同，但可多加一點糖。

簡單做菜有撇步
※蘿蔔乾較鹹，要先浸泡水，去除鹹味後再使用。

瓠瓜蝦皮

材料：
瓠瓜.....1/2條（約300公克）
蝦皮..................2大匙
鹽..................1/2茶匙

做法：

1 瓠瓜去皮，切條狀。
2 鍋中熱油1大匙，放入蝦皮，以小火炒香，加入瓠瓜，拌炒均勻後，加入1/4杯水，燜煮約5分鐘，以鹽調味即可。

聰明替代做好菜
※以絲瓜代替瓠瓜也很合口味，絲瓜要切滾刀塊，口感較好。

簡單做菜有撇步
※炒蝦皮時火力不可太大，否則容易產生油爆，且極易燒焦。

今天吃什麼？

lunch

高麗菜熱狗卷

材料：
高麗菜葉...............4片
大熱狗...............2根
鹽...............1/2茶匙
高湯...............1/2杯
太白粉...............1茶匙
玉米粉...............1大匙

做法：

1 鍋內燒熱水，放入高麗菜燙軟，撈起以冷水沖涼。

2 取1片高麗菜，捲上熱狗，再捲上另一片高麗菜，末端沾上玉米粉。

3 高湯加入1/2杯水、鹽，放入熱狗卷，煮至水滾後，改小火燜煮約10分鐘，再以調上1茶匙水的太白粉勾芡。

4 食用時切片即可。

聰明替代做好菜
※熱狗可改為魚漿鋪在高麗菜上捲，放上魚漿前最好先將菜葉上的水份擦乾。

簡單做菜有撇步
※若使用較細的熱狗，則只須以1片高麗菜捲裹即可。
※高麗菜葉必須先燙軟後才好包裹。

酸菜筍絲

材料：
酸菜...............2片
冬筍...............1根
里肌肉絲...............100公克
辣椒...............1根
糖...............2茶匙
醬油...............1茶匙

①料
醬油...............1茶匙
太白粉...............1茶匙
水...............1茶匙

做法：

1 酸菜切細絲，以水浸泡約10分鐘，捏乾水分。

2 冬筍剝去殼及削老皮，切絲；里肌肉以①料拌勻；辣椒切絲。

3 鍋子燒熱，放入酸菜，以乾鍋炒至軟，盛起。

4 鍋內熱油2大匙，放入肉絲炒至約八分熟盛起，再加入1大匙油在鍋內，放入酸菜拌炒至香，加入筍絲、醬油、糖，炒至筍絲熟後，加入肉絲、辣椒，繼續拌炒約3分鐘。

聰明替代做好菜
※可將酸菜改為雪裡紅。

簡單做菜有撇步
※若酸菜太鹹或太酸，浸泡的時間要拉長；如果還是太酸，則可酌量增加糖。

辣椒小卷

材料：
小卷...............約5條
辣椒...............2根
薑絲...............1大匙
酒...............1茶匙
醬油...............1大匙
糖...............1茶匙
鹽...............1/4茶匙
香油...............1/4茶匙

做法：

1 小卷去除內臟，切粗絲；辣椒切斜片。

2 鍋中熱油2大匙，放入辣椒、薑爆香，再放入小卷，淋上酒、醬油、糖炒熟後以鹽調味，淋上香油即可。

聰明替代做好菜
※小卷可改為透抽。

簡單做菜有撇步
※炒小卷的要訣就是大火快炒。

今天吃什麼？

lunch

鵪鶉肉丸

材料：

鵪鶉蛋...............10個
絞肉...............200公克
蔥...................2根
荸薺...............約3粒
胡椒粉...............少許
鹽...............1/4茶匙
醬油...............1大匙
香油...............1/4茶匙
太白粉...............1大匙

做法：

1 鵪鶉蛋徹底擦乾水分。
2 蔥切蔥花；荸薺拍碎、剁碎後稍微捏乾水分。
3 絞肉與蔥花拌勻，再粗斬幾下，拌入醬油、鹽、胡椒、攪打至有彈性後，加入荸薺、香油拌勻，再拌入太白粉。
4 鵪鶉蛋以拌好的絞肉裹成圓球狀。
5 鍋內燒熱油至7分熱，放入肉丸以中火炸至金黃色。

聰明替代做好菜
※鵪鶉蛋可改以較大的雞蛋，煮熟後去殼即可。

簡單做菜有撇步
※鵪鶉蛋裹上肉前一定要徹底擦乾，否則肉泥無法牢固黏在蛋上，也可在鵪鶉蛋表面先撒上少許太白粉。

紅燒香菇

材料：

香菇...............約10朵
蔥...................2根
薑...................3片
糖...................2茶匙
醬油...............2茶匙
香油...............1/4茶匙

做法：

1 香菇以水泡軟，洗淨去蒂；蔥以刀背拍鬆切段。
2 鍋內放入1大匙油，再放入蔥、薑爆香後加入糖炒至糖化，淋上醬油，再加入1杯水，放入香菇，以小火燜煮約10分鐘，淋上香油即可。

聰明替代做好菜
※新鮮香菇或乾燥香菇均可。

簡單做菜有撇步
※糖先以油炒過，可使紅燒的香菇看起來更油亮。

熱狗花椰

材料：

花椰菜...............約300公克
熱狗...................2根
鹽...............1/2茶匙

做法：

1 花椰菜摘成小朵，洗淨；熱狗切斜片。
2 鍋中熱油1大匙，放入花椰菜，拌勻，加入1/4杯水，再加入熱狗；以中火燜煮約5分鐘，加鹽調味即可。

聰明替代做好菜
※也可改用綠色花椰菜，顏色更美麗。

簡單做菜有撇步
※花椰菜最適合帶便當，耐煮不變味又可防癌，加上小朋友最喜歡的熱狗，這道菜應該很受歡迎。

今天吃什麼？

Lunch

茄汁大蝦

材料：

大草蝦.................6隻
洋蔥.................1/4個
糖漬罐頭鳳梨.........3片
番茄醬.............2大匙
糖.................2茶匙

① 料
鹽.................1/2茶匙
太白粉.............2茶匙
酒.................1茶匙

做法：

1 草蝦去殼，以牙籤抽除腸泥，洗淨後擦乾水分，將背部切開但不要切斷，並將其攤平，均勻的抹上①料；洋蔥切小片；鳳梨切小片。

2 鍋中燒熱炸油，放入蝦子炸至呈紅色後立刻撈起，滴乾油。

3 鍋內留油1大匙，放入洋蔥炒香至軟，放入鳳梨片、番茄醬、糖拌炒均勻後，放入蝦子拌炒至入味即可。

聰明替代做好菜
※蝦子可改為透抽或魚片。

簡單做菜有撇步
※帶便當的蝦子最好能將殼去除，較方便食用，且不佔空間。
※蝦子調味之前一定要先將其擦乾水分，否則無法入味。

培根黃瓜

材料：

大黃瓜.................1/2條
培根.................2片
鹽.................1/4茶匙

做法：

1 黃瓜去皮，將瓜瓤挖除，洗乾淨後切滾刀塊；培根切小片。

2 鍋內放入1茶匙油及培根，以中火煎至香且出油後，加入黃瓜拌炒均勻，再加入1/4杯水，加蓋，以小火燜煮約5分鐘至熟，加鹽調味即可。

聰明替代做好菜
※將黃瓜改為高麗菜，也很適合帶便當。

簡單做菜有撇步
※培根含有油份及鹽份，所以炒時只須加一點點油即可，鹽也不要加太多。

木耳肉絲

材料：

木耳.................2朵
冬筍.................1根
里肌肉絲.........100公克
香菇.................2朵
鹽.................1/2茶匙
香油.................1/4茶匙

① 料
醬油.................1茶匙
太白粉.............1茶匙
水.................1茶匙

做法：

1 木耳去蒂切絲；冬筍剝去外殼及削去老皮並切絲；里肌肉絲以①料拌勻；香菇泡軟去蒂切絲。

2 鍋內放入2大匙油燒熱，放入肉絲炒至八分熟後，濾乾油撈起；鍋內放入香菇炒香後，放入木耳及筍絲，再放入1/4杯水，繼續燜約5分鐘，加入肉絲拌炒均勻，再以鹽調味，並淋上香油拌勻即可。

聰明替代做好菜
※冬筍若不好買到，則可以一般的竹筍替代。

簡單做菜有撇步
※市場上已發泡好的木耳使用起來較方便，你也可以買乾木耳自行發泡，口感較脆。

今天吃什麼?

lunch

乾煎鯧魚

材料：

鯧魚	1條
蔥	2根
薑	1小塊
鹽	1茶匙
酒	1茶匙

做法：

1 蔥以刀背拍鬆，切斜片；薑切斜片。

2 鯧魚洗淨擦乾水分，斜切成3片，均勻的抹上鹽，再淋上酒，並撒上蔥、薑片，放置醃約20分鐘。

3 將魚身上之蔥、薑片拿掉；鍋中熱油4大匙，放入魚，以中火慢慢煎至金黃色即可。

聰明替代做好菜

※鯧魚可改用白帶魚或旗魚。

簡單做菜有撇步

※若怕魚會沾鍋，除了要先將鍋燒熱，再放入油燒熱後，並以鏟子來回刮鍋，至鍋底不會有澀澀的感覺時再將魚片放入，或是在魚身上抹上少許乾粉再下鍋煎。

鵪鶉燴蔬菜

材料：

鵪鶉蛋	約10個
甜豆片	約15片
金針菇	1小把
鹽	1/2茶匙
香油	1/4茶匙

做法：

1 甜豆片摘除兩旁之老筋，切斜片；金針菇切除蒂部，再切小段。

2 鍋中熱油2大匙，放入甜豆片及金針菇拌炒，再加入鵪鶉蛋及1/4杯水，加蓋燜約2分鐘，加入鹽調味，淋上香油，拌炒均勻即可。

聰明替代做好菜

※蔬菜可變換為筍片、新鮮香菇、豌豆夾及胡蘿蔔等，自行搭配。

簡單做菜有撇步

※鵪鶉的膽固醇很高，而且一不小心就會吃很多個，所以偶一為之，淺嘗就好。不過現在市售有很多假的鵪鶉蛋，是以雞蛋灌入模內製造，你可以看蛋黃分辨真假。

木須肉末

材料：

木耳	2朵
榨菜	數片
香菇	2朵
筍丁	約1/2杯
荸薺	約5個
絞肉	100公克
醬油	1大匙
糖	1茶匙
香油	1/4茶匙

做法：

1 木耳去蒂切丁；榨菜切小薄片；香菇以水泡軟，洗淨去蒂切丁；荸薺切丁。

2 鍋中熱油1大匙，放入絞肉拌炒至出油且呈金黃色，加入香菇，榨菜炒香，再加入木耳、筍丁、淋上醬油，加上糖，繼續拌炒至入味後，加入荸薺拌炒均勻，淋上香油即可。

聰明替代做好菜

※絞肉使用豬肉或牛肉均可。

簡單做菜有撇步

※因榨菜帶有鹹味，所以本道菜並未調入鹽，當然你可自行增酌。

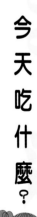

今天吃什麼？

lunch

海帶牛肉卷

材料：
發好海帶.............1小條
牛肉.............約300公克
蔥.................1根
醬油.................2大匙
糖.................2茶匙

做法：
1 牛肉逆絲切大薄片；海帶切與牛肉同寬小段；蔥以刀背拍鬆切斜段。
2 鍋中熱油1大匙，放入蔥炒香，再加入糖炒至糖化，淋上醬油，加入2杯水，煮滾後加入海帶，以小火燜煮約15分鐘，取出海帶待涼。
3 將海帶捲成筒狀，捲緊，再捲以牛肉片，以牙籤串好。
4 鍋內熱油1大匙，放入牛肉煎至表面呈金黃色，淋上1/4杯滷海帶的滷汁，煮約3分鐘即可。

聰明替代做好菜
※牛肉也可以豬肉之大里肌肉替代。

簡單做菜有撇步
※牛肉需與肉質紋路不同向的角度逆切，口感較細；可將其放入冷凍庫內冰至表面冷凍後較硬較好切。

肉末長江豆

材料：
粗絞肉.............150公克
長江豆.............300公克
洋蔥末.................2大匙
鹽.................1/2茶匙

做法：
1 長江豆摘除頭、尾，切約1公分小段。
2 鍋中熱油1大匙，放入絞肉炒至肉粒分離，加入洋蔥繼續炒至絞肉出油，加入長江豆，並淋上2大匙水，以小火燜約3分鐘，以鹽調味即可

聰明替代做好菜
※可使用醃過的豇豆，但要添加適量的糖。

簡單做菜有撇步
※一定要先將絞肉內的油逼炒出來後，再放入長江豆味道才會香。

香菇麵腸

材料：
香菇.................5朵
麵腸.................2條
醬油.................1大匙
糖.................1茶匙
鹽.................1/4茶匙
香油.................少許

做法：
1 香菇以水泡軟洗淨，去蒂切片；麵腸以手撕成小片。
2 鍋中熱油2大匙，放入麵腸煎至金黃色，再加入香菇拌炒至香，淋上醬油，加入糖及2大匙水拌炒至入味、水分收乾時，加入鹽調味，最後淋上香油即可。

聰明替代做好菜
※可使用油泡麵筋，但烹調前要先以熱水汆燙過。

簡單做菜有撇步
※麵腸用手撕的會比用刀切的口感較好。

lunch lunch

lunch

lunch

省時省力的簡易午餐

　　許多全職家庭主婦，早上送走了家人，就開始繁忙的家務，中餐通常以昨晚的剩湯剩菜解決，一點兒都不疼惜自己，把自己的腸胃當成垃圾桶，這樣一來，很容易造成吸收太多油脂，造成過渡肥胖；我大姊就養成一個很好的習慣，不吃隔夜菜，在烹調時控制好份量，剩下的湯汁菜渣立刻倒掉，不把冰箱當儲藏室，這也是她至今仍維持好身材的主因。

　　之所以設計這個單元，是因為我自己常常一個人吃中飯，總難以拿捏食材的多寡，有時煮一餐，卻往往要吃上好幾餐；有時忙於教學反而沒時間烹調自己的伙食，同時也常在外用餐，吃下大量油膩的食物，不僅擔心衛生也會造成營養不均衡。基於以上種種原因，以及為了省時間，我經常就以煮麵、炒飯打理中餐，其實這是既方便又省事的辦法，你可以選擇自己喜愛的配料，加上各式麵條或米飯拌炒，不僅營養夠，且可以吃到新鮮可口的中餐，如果你是一個人吃中餐，建議你試試看這些省時省力的簡易午餐。

今天吃什麼？

lunch

肉燥飯

材料：

粗絞肉..............600公克
香菇.................5朵
紅蔥頭............約10粒
蒜瓣.............約5粒
醬瓜.............約3條
醬油.............3大匙
糖...............1大匙
胡椒粉...........1/4茶匙
五香粉...........1/4茶匙
香油.............1/2茶匙

做法：

1 香菇以水泡軟，去蒂剁碎；紅蔥頭、蒜瓣去蒂及外皮，剁碎；醬瓜剁碎。
2 鍋子燒熱後，放入絞肉乾鍋炒，一直炒至出油，呈金黃色較乾硬為止。
3 鍋中熱油3大匙，放入紅蔥頭炒香，再加入蒜末炒至金黃色，加入絞肉、香菇繼續拌炒約3分鐘，加入醬瓜、糖、醬油、胡椒粉、五香粉拌炒至入味後加入2杯水，加蓋，煮滾後改以小火繼續熬煮約1小時，中途攪拌2、3次。
4 煮好後淋在白飯上。

聰明替代做好菜
※醬瓜也可改用一般罐頭蔭瓜。

簡單做菜有撇步
※肉燥重在熬煮，煮的時間要夠，熬出之肉燥才會香，若不小心在中途將水熬乾了，則必須再添加熱水拌勻後繼續熬煮，所以火力不可太大。
※可將肉燥淋在燙好的青菜上，再撒上油蔥酥，即為一道燙青菜。

豬血湯

材料：

豬血..............約200公克
高湯..............1杯
酸菜..............1片
韭菜..............2、3根
油蔥酥............2大匙
鹽...............1/2茶匙
香油..............數滴

做法：

1 豬血切小塊，以熱水燙過後撈起以冷水沖涼，濾乾水分；酸菜切細絲，以水浸泡約10分鐘，撈起捏乾水分；韭菜摘除頭、尾切小段。
2 高湯放入湯鍋內，加入3杯水煮滾後，加入豬血、酸菜、韭菜煮至滾，以鹽調味，滴上香油，撒上油蔥酥即可。

聰明替代做好菜
※可改用鴨血，豬血較硬而鴨血較嫩。

簡單做菜有撇步
※豬血先燙過再烹調，可使湯較清澈，且消除腥味。

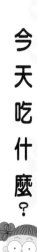

lunch

長江豆菜飯

冬瓜蛤蜊湯

材料：

長江豆..........約200公克
米......................3杯
蝦米..................2大匙
香菇..................3朵
醬油..................1大匙
鹽..................1/2茶匙

做法：

1 長江豆摘除兩端之蒂，洗淨後切小丁；蝦米以水泡軟；香菇以水泡軟，去蒂切小丁；米洗淨，濾乾水分。

2 鍋中熱油2大匙，放入蝦米、香菇以小火炒香，加入米拌炒後，加入長江豆，淋上醬油，再度拌炒均勻，加入3杯水，並加入鹽拌勻後，盛入電鍋之內鍋。

3 電鍋外鍋放3/4杯水，再放入內鍋，按下開關，至開關跳起後，將飯拌鬆，再燜約10分鐘，即可食用。

聰明替代做好菜

※菜飯所使用的蔬菜可自由選擇，如青江菜、芋頭等皆可。

簡單做菜有撇步

※米先炒過再煮，飯會較Q較香。
※電鍋或飯鍋都是理想的烹調菜飯的工具，若直接在瓦斯爐上煮，則中途要翻動，同時注意火力不可太大，否則容易燒焦。

材料：

蛤蜊..................200公克
冬瓜..................300公克
金針菇..............1小把
高湯..................1杯
鹽..................1/4茶匙
薑絲..................2大匙
酒..................1茶匙

做法：

1 蛤蜊浸泡至隔夜，使其完全吐砂；冬瓜去皮切丁；金針菇切小段。

2 鍋中放入高湯及3杯水，加入冬瓜，加蓋煮至軟，加入蛤蜊及金針菇，至蛤蜊張開後，加入鹽、薑絲調味，最後淋上酒。

聰明替代做好菜

※蛤蜊也可以一般河蜆代替。

簡單做菜有撇步

※蛤蜊必須確定完全吐砂，否則會壞了一鍋好湯；蛤蜊是否新鮮，可將其拿起兩粒，互相敲擊，若聲音清脆，則是新鮮的。

今天吃什麼？

Lunch

咖哩牛肉飯

材料：

牛肉..............500公克
馬鈴薯...............1個
胡蘿蔔...............1條
洋蔥..............1/2個
咖哩粉..............2大匙
胡椒粉..............1/4茶匙
薑...............1小塊
醬油..............2大匙
糖...............1茶匙
酒...............1大匙
鹽..............1/4茶匙
太白粉..............1茶匙

做法：

1 牛肉切小塊；馬鈴薯去皮切小塊、胡蘿蔔去皮切滾刀塊；洋蔥切小片；薑以刀背拍碎；太白粉調入1大匙水備用。

2 鍋中燒熱水，放入牛肉、薑煮滾後撈起，以冷水沖涼，濾乾水分。

3 鍋內燒熱3大匙油，放入洋蔥炒香，再放入咖哩粉拌炒均勻後，放入牛肉，炒約2分鐘後淋上酒，加入醬油、糖拌炒至上色後，加入2杯水，煮至滾後，改小火燜煮約40分鐘，加入胡蘿蔔及馬鈴薯拌勻後，繼續再煮10分鐘，撒上鹽及胡椒粉，最後以調水的太白粉勾芡即可。

4 將白飯盛在深盤內，旁邊放上燉好的牛肉。

聰明替代做好菜

※牛肉可選用牛腩或是牛肋條，帶點油的部位可使燉後較不乾澀。

簡單做菜有撇步

※若怕馬鈴薯煮太久會糊掉，可先以油炸過。
※滾刀塊：邊旋轉食物邊切塊狀，一般蔬菜若要烹調較久的時間或以燉煮方式烹調時，大多將蔬菜切成滾刀塊。

玉米蛋花湯

材料：

玉米醬...............1瓶
玉米粒..............1/2瓶
高湯...............1杯
雞蛋...............1個
火腿丁..............2大匙
太白粉..............1大匙
鹽..............1/2茶匙

做法：

1 湯鍋內放入高湯及3杯水，再加入玉米醬及玉米粒，攪拌均勻後以小火煮至滾，以鹽調味。

2 太白粉與1大匙水調勻備用；雞蛋去殼打散。

3 以調水的太白粉將玉米湯勾芡後，淋上蛋液，上撒火腿丁；喜歡帶點辣味的可添加胡椒粉，也可撒上數根芫荽添增香氣及顏色。

聰明替代做好菜

※若沒有太白粉，可使用炒過的麵粉加水調成糊狀代替。

簡單做菜有撇步

※可只使用玉米醬，但不能只使用玉米粒，玉米醬香氣較重，濃度較夠。

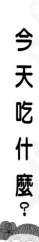

今天吃什麼？

lunch

臘味炒飯

材料：

白飯.....................2碗
臘腸.....................2條
雞蛋.....................1個
洋蔥末...................3大匙
香菇.....................2朵
玉米粒...................3大匙
青豆仁...................2大匙
醬油.....................1大匙
鹽......................1/2茶匙
胡椒粉...................適量

做法：

1 臘腸切小丁；雞蛋去殼打散、香菇以水浸泡至軟，去蒂切小丁。

2 鍋中熱油3大匙，放入蛋液炒至蛋熟，濾乾油撈起。

3 鍋內再加入1大匙油，放入洋蔥炒至軟後加入臘腸、香菇炒香再加入白飯拌炒，淋上醬油拌炒至完全均勻後，加入炒蛋，再加入玉米粒及青豆仁，拌炒均勻，最後加入鹽及胡椒粉調味。

聰明替代做好菜
※本食譜使用較乾的廣東式臘腸，你也可使用台式香腸或湖南臘肉也非常好吃。

簡單做菜有撇步
※臘腸若太硬可先蒸過再使用。

下水湯

材料：

雞肝.....................1付
雞肫.....................1份
菠菜.....................1棵
薑絲.....................1大匙
老薑.....................3片
香油.....................2茶匙

①料
醬油.....................1大匙
太白粉...................2茶匙

做法：

1 雞肫以鹽徹底的搓洗乾淨，切片；雞肝洗淨後切片；菠菜切小段。

2 將雞肝與雞肫混合加入①料拌勻。

3 鍋內放入香油，加入老薑片炒香，並加入雞肝、雞肫拌炒後，加入4杯熱水，至滾後加入菠菜，再以鹽調味。

簡單做菜有撇步
※加入的水必須是滾水，否則容易將雞肝、雞肫煮老了。若臨時沒熱水，可先將雞肝、雞肫炒好後撈起，再加入水煮滾後，再將雞肝、雞肫放入。

鳳梨炒飯

材料：

白飯.....................2碗
蝦仁.................約10隻
蝦米...................1大匙
香菇.....................2朵
鳳梨...................約3片
洋蔥..................1/4個
雞蛋.....................1個
青豆仁.................1大匙
咖哩粉.................1大匙
鹽....................1/2茶匙
胡椒粉..............1/4茶匙

做法：

1 蝦仁抽除腸泥，洗淨擦乾水分；蝦米洗淨以水泡軟，濾乾水分；香菇以水泡軟洗淨去蒂切丁；鳳梨切小片；洋蔥切小丁。

2 鍋內燒熱3大匙油，放入蝦仁、蛋液炒熟盛起；另在鍋內加1大匙油，放入洋蔥炒至軟，再加入蝦米、香菇炒香後加入咖哩粉，拌炒均勻後加入白飯、炒蛋、蝦仁、鹽，徹底拌勻後，再加入鳳梨、青豆仁，最後撒上胡椒粉即可。

聰明替代做好菜
※鳳梨可使用新鮮鳳梨或是罐頭糖漬鳳梨。

簡單做菜有撇步
※炒飯上撒豬肉鬆是目前餐廳的烹調方法，會更下飯喔！

榨菜豆腐湯

材料：

榨菜.....................數片
豆腐..................1/2塊
里肌肉.........約100公克
高湯.....................1杯
鹽....................1/4茶匙
胡椒粉.................少許
蔥花...................1大匙

① 料
鹽....................1/4茶匙
太白粉...............1茶匙
水.......................1茶匙

做法：

1 豆腐切薄片；里肌肉切薄片，加入①料拌勻。

2 湯鍋內放入高湯，再加入3杯水，煮滾後加入榨菜、豆腐以小火煮約3分鐘，放入肉片，至肉熟後加入鹽、胡椒調味，上撒蔥花。

聰明替代做好菜
※傳統板豆腐或一般盒裝嫩豆腐均可使用。

簡單做菜有撇步
※肉片最好1片片的放入湯鍋中，以免黏成一糰，或造成湯汁混濁。

今天吃什麼？

lunch

炒烏龍麵

材料：

烏龍麵.....................1包
里肌肉絲.................50公克
魚板.....................1小片
魷魚.................約150公克
洋蔥.....................1/4個
香菇.......................2朵
豌豆莢.....................數片
醬油.......................1大匙
黑醋.......................1大匙
鹽.....................1/2茶匙
胡椒粉.................1/4茶匙

①料
醬油.......................1茶匙
太白粉.....................1茶匙

做法：

1 洋蔥切絲；香菇以水泡軟，去蒂切絲；里肌肉絲以①料拌勻；魚板切絲；魷魚切花；豌豆莢切斜半。

2 鍋中熱油2大匙，放入肉絲拌炒至八分熟後濾乾撈起；魷魚放入熱水內汆燙後撈起以冷水沖涼。

3 鍋內再加入1大匙油，放入洋蔥、香菇炒香，再加入烏龍麵炒至軟後，淋上醬油，加入肉絲、魚板、豌豆莢、魷魚，再加入鹽、胡椒調味，最後淋上黑醋攪拌均勻即可。

簡單做菜有撇步

※在超級市場冷凍櫃內可買到真空包裝的烏龍麵，使用非常方便，快炒至熱即可食用。

紫菜蛋花湯

材料：

紫菜.....................1/2片
雞蛋.......................1個
高湯.......................1杯
蔥花.......................1大匙
鹽.....................1/2茶匙
胡椒粉.....................少許

做法：

1 雞蛋去殼打散。

2 湯鍋內放入高湯及3杯水，以小火煮至滾後，將紫菜撕成小片後放入湯內，再淋上蛋液成蛋花。

3 湯內加鹽及胡椒粉調味，並撒上蔥花。

聰明替代做好菜

※若有芹菜也可加少許芹菜末。

簡單做菜有撇步

※若使用中國較厚片的紫菜，因內部含有細砂，須先在乾鍋以上微小火烘乾後，輕敲紫菜，使內部的砂子掉落，同時烤過後可使紫菜更香。

lunch

蛤蜊炒麵

材料：

生拉麵.............300公克
蛤蜊.............600公克
洋蔥.............1/4個
青豆仁.............1大匙
銀芽.............約100公克
鹽.............1茶匙
胡椒粉.............少許

做法：

1 鍋中燒熱水，放入麵條，以筷子攪拌，煮至滾後加入1杯水，以小火繼續煮至熟後，撈起以冷水沖涼。

2 蛤蜊以水浸泡，使其完全吐沙後，以大火蒸至張開即可，將肉挖出，並將湯汁保存；洋蔥切細絲。

3 鍋內熱油3大匙，放入洋蔥炒香，再放入麵條，加入蛤蜊肉及湯汁，拌勻後再加入銀芽及青豆仁，並加鹽及胡椒粉調味，拌炒至完全均勻即可。

聰明替代做好菜
※拉麵也可改成米粉。

簡單做菜有撇步
※蛤蜊不要蒸太久，只要張開後立刻熄火，以免煮久了，蛤蜊肉縮小及變乾。
※將綠豆芽頭、尾摘除，就是所謂的銀芽。

金針肉絲湯

材料：

乾燥金針.............約1小把
里肌肉絲.............100公克
蔥花.............1大匙
高湯.............1杯
鹽.............1/2茶匙
胡椒粉.............少許

①料
醬油.............1茶匙
水.............1茶匙
太白粉.............1茶匙

做法：

1 金針洗淨，以水泡軟，摘去蒂部，打結。

2 肉絲加入①料拌勻。

3 湯鍋內放入高湯及3杯水，煮至滾後，加入金針，加蓋，以小火煮約3分鐘，放上肉絲，煮至熟後，以鹽及胡椒粉調味，上撒蔥花即可。

聰明替代做好菜
※在金針花盛產的季節煮新鮮的金針時，就不需燜煮太久，燙軟即可。

簡單做菜有撇步
※金針打結煮後較能保持其脆度。
※肉絲放入湯內時，一定要確定水已滾，否則湯汁會變混濁。

今天吃什麼？

芋頭米粉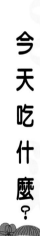

材料：

細米粉...............1小包
芋頭.............300公克
里肌肉絲........約100公克
胡蘿蔔...........約1/3根
香菇..............2朵
洋蔥..............1/4個
蝦米..............1大匙
醬油..............1大匙
鹽.............1/2茶匙
胡椒粉..........1/4茶匙

①料
醬油.............1茶匙
太白粉...........1茶匙
水..............1茶匙

做法：

1 米粉以水泡軟，由中心處切兩段；芋頭去皮切絲；里肌肉絲以①料拌勻；胡蘿蔔切絲；香菇以水泡軟，洗淨，去蒂切絲；洋蔥切絲；蝦米洗淨以水泡軟。

2 鍋中熱油3大匙，放入肉絲拌炒至約八分熟，濾乾油撈起，在鍋內再加入1大匙油，放入洋蔥炒至軟後，加入香菇、蝦米炒香，淋上醬油，再加入芋頭拌勻後，加入1杯水，加蓋燜煮約5分鐘，加入米粉、肉絲拌炒均勻。

3 待米粉軟，加入胡蘿蔔絲，並加入鹽及胡椒粉調味，拌炒均勻即可。

聰明替代做好菜

※芋頭改以南瓜則成了南瓜米粉也很好吃。

簡單做菜有撇步

※若米粉較粗或浸泡得不夠軟時，可在燜煮芋頭時加多一點水分，因米粉會再吸收水分；若使用市場販售的蒸過的米粉，則水分可以減少。

餛飩湯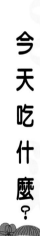

材料：

餛飩皮.............約15張
絞肉.............150公克
蔥花..............1大匙
高湯..............1杯
包壽司用紫菜......數小片
芹菜末............2大匙
鹽.............1/2茶匙
胡椒粉...........少許
香油.............數滴

①料
太白粉.............1茶匙
水..............1茶匙
醬油.............2茶匙
香油及胡椒粉........適量

做法：

1 絞肉加入蔥花及①料用力的攪打至稠狀。

2 餛飩皮包入肉餡（圖1），成餛飩狀。

3 湯鍋內放入高湯及水3杯，煮至滾，加鹽及胡椒粉調味。

4 另一鍋內放入熱水燒滾，放入餛飩煮熟，撈起濾乾水，放入高湯內，加入芹菜末，上撒紫菜，再淋上香油即可。

聰明替代做好菜

※餛飩皮有兩種，一種較大較厚、一種較小而薄。

簡單做菜有撇步

※餛飩不要煮太久，皮太熟太爛就不好吃了。

今天吃什麼?

lunch

雞肉河粉

材料：

河粉	3片
雞胸肉	200公克
洋蔥	1/4個
香菇	2朵
青椒	1/4個
胡蘿蔔絲	少許
醬油	1大匙
鹽	1/2茶匙
胡椒粉	1/4茶匙

①料

醬油	1茶匙
太白粉	1茶匙
水	1茶匙

做法：

1 河粉切約寬1公分之長條片狀；雞胸肉切絲後加入①料拌勻；洋蔥切絲；香菇以水泡軟去蒂切絲；青椒切絲。

2 鍋中熱油3大匙，放入肉絲炒至肉絲分離，約八分熟，濾乾油撈起，放入洋蔥、香菇繼續炒至香後，加入河粉，淋上醬油及1/4杯水，拌炒至河粉軟後，加入青椒及胡蘿蔔，再加入肉絲、鹽及胡椒粉，拌炒均勻即可。

聰明替代做好菜

※雞肉也可以豬肉絲或牛肉絲代替。

簡單做菜有撇步

※河粉即所謂的板條，在一般傳統市場都可購買得到，其為熟食，炒熱後即可食用。

海鮮豆腐湯

材料：

豆腐	1/2塊
蝦仁	約150公克
魷魚	約150公克
蛤蜊	約10粒
鹽	1/2茶匙
薑絲	1大匙
高湯	1杯
酒	1茶匙

做法：

1 豆腐切小丁；蝦仁抽除腸泥；魷魚切花；蛤蜊以水浸泡，使其完全吐砂；蝦仁及魷魚混合放入熱水內汆燙後撈起以冷水沖涼，濾乾。

2 鍋中放入高湯及3杯水煮滾，加入豆腐，煮至滾，加入蛤蜊待蛤蜊張開時，加入蝦仁及魷魚，再加入鹽及薑絲，最後淋上酒即可。

聰明替代做好菜

※海鮮可任意變換，以家中現有的如魚片、蚵等均可。

簡單做菜有撇步

※將蝦仁及魷魚先燙過，再以冷水沖涼，可保其脆度，同時可使煮出的湯較清澈。

今天吃什麼?

lunch

泰式炒河粉

材料：

泰式河粉............1/2小包
大豆腐干.................1塊
蝦米..................1大匙
蝦仁..................約10個
雞蛋..................1個
五香冬菜.............約2大匙
紅蔥頭.............約5小瓣
蒜瓣..................3粒
韭菜..................2根
綠豆芽..................1小把
白醋..................1大匙
糖..................2茶匙
辣椒粉..................1茶匙
花生粉..................1大匙
鹽..................1/2茶匙
醬油..................1茶匙
檸檬..................1/2個

做法：

1 河粉以水泡軟後，切成較小段；豆腐干切小片；蝦米洗淨，以水泡軟，濾乾水分；蝦仁抽除腸泥，洗淨擦乾水分；雞蛋去殼打散；冬菜洗淨濾乾；紅蔥頭去皮切薄片；蒜瓣去蒂，以刀背拍鬆，去皮剁碎；韭菜切小段。

2 鍋內熱油2大匙放入蛋液炒熟，撈起，再加入2大匙油在鍋內，放入豆腐干炒至金黃色，加入紅蔥頭、蝦米、冬菜、蒜末，以小火炒香，加入河粉並加入1/4杯水，炒至河粉熟，放入炒好的蛋及蝦仁，再淋上醬油、醋，加入糖拌炒至均勻後，再加入鹽調味，上撒韭菜。

3 將河粉盛入盤內，中間撒上辣椒粉及花生粉，旁邊放上綠豆芽及檸檬片，食用時擠上檸檬汁，再將所有材料拌勻即可。

聰明替代做好菜
※買不到泰式河粉，也可以米粉代替。

簡單做菜有撇步
※五香冬菜在一般超市都有賣，有些冬菜在醃製過程中並不是很乾淨，有時還會帶點細砂，所以習慣上我會洗過後再使用。

酸菜排骨湯

材料：

酸菜............約200公克
排骨............約300公克
薑絲..................2大匙
鹽..................1/4茶匙
糖..................1茶匙
酒..................1茶匙

做法：

1 酸菜洗淨切小片，以水浸泡約20分鐘後捏乾水分。

2 排骨以熱水汆燙後撈起以冷水沖涼，濾乾。

3 鍋內燒滾6杯水，放入排骨，以小火燉煮約20分鐘後，加入酸菜繼續煮約30分鐘，加入鹽、糖調味，最後淋上酒，加入薑絲即可。

聰明替代做好菜
※酸菜可改為一般朴菜代替。

簡單做菜有撇步
※酸菜的選擇以帶葉子長形的較不酸，圓球狀的較酸、較鹹，烹調後若仍覺太酸，可加糖調味。

今天吃什麼？

breakfast

早餐是一天活力的來源

　　早餐攝取足夠的蛋白質是非常重要的，可使你一天精神充沛、思緒敏捷，營養師經常提醒民眾吃完早餐再去工作。

　　有許多婦女，早上起不來，或來不及做早餐給家人，經常丟個幾十塊錢給小朋友，讓他們自行去購買早點，也不知道他們究竟吃些什麼？一般怕麻煩的家庭主婦，可能會購買一些麵包、三明治、燒餅、油條等充當早餐，雖然很方便，但吃久了，總是會膩的，自己做早餐，經濟又實惠，且健康又衛生哦！

　　其實有些事情，只要花點腦筋、用點巧思，可使事情變得非常簡單，譬如做Pancake，你可在空閒時一次製作多一點，煎好後放入冷凍庫內。早上再拿出來，放在微波爐內加熱，配上一杯咖啡就是一道可口的早餐，不需為了吃一塊Pancake而浪費很多時間。當然在星期假日可與家裡的小朋友一起烹調，讓他們自己煎，這將是一項很有意義的親子活動。

　　若要製作蛋餅，可將燙麵提前做好，擀好後，每片以保鮮膜包好，再疊起放在冷凍庫內，要吃時只須在前一晚拿至冷藏庫解凍，第二天早上再煎即可。
盡量將事情簡單化，習慣了整個製作流程後，烹調就變成一件很簡單的事了。最重要的，不管你吃的是中式或西式早餐，請記得早餐一定要吃水果哦！

今天吃什麼？

breakfast

蛋餅

材料：

中筋麵粉..........300公克
熱水（100℃）.......3/4杯
冷開水..............1/3杯
沙拉油.............1大匙
雞蛋...............1個
鹽................少許
蔥花..............1大匙

做法：

1 麵粉沖入熱水，以筷子快速
攪拌均勻（圖1），再調入冷水
及沙拉油，揉成麵糰，放置醒
約20分鐘。
2 取1小塊麵糰，擀成圓薄片，
放入平底鍋內（圖2），煎至約
八分熟取出。
3 雞蛋去殼打散，加入鹽及蔥
花拌勻。
4 鍋內放入1大匙油，放入蛋
液，煎至有點凝固，約五分熟
時，放上煎好的麵皮（圖3），
翻面，將麵皮捲成筒狀，繼續
煎至呈金黃色即可。
5 食用時切小段，可配以辣椒
或蒜蓉醬油調味。

簡單做菜有撇步
※若希望麵皮較好擀製，或煎後麵
皮較軟，可將麵糰冰至隔夜後再使
用更佳。

米漿

材料：

米....................1杯
去皮熟花生..........1/2杯
糖..................適量

做法：

1 米先以乾鍋小火炒至微黃，
有香味即可。
2 將米及花生米一同加入5杯
水浸泡約6小時。
3 放入果汁機內攪打成泥，再
加入6杯熱水，以中火煮滾，
煮時注意一定要不時的攪拌，
防止沾黏底部或結塊，再改小
火煮至黏糊狀，加入糖調味即
可。

簡單做菜有撇步
※加入花生米，可使煮出來的米漿
味道更香。

今天吃什麼？

breakfast

豬肉包子

材料：
中筋麵粉..........600公克
糖..................40公克
泡打粉..............1大匙
沙拉油..............1大匙
乾酵母..............2茶匙
水..............約360公克

內餡材料：
粗絞豬肉..........600公克
高麗菜............300公克
鹽..............約1茶匙
蝦皮..............3大匙
蔥................3根
薑末..............2大匙
香油..............1大匙

①料
蠔油..............2大匙
醬油..............2大匙
鹽................1茶匙
糖................2茶匙
胡椒粉............1/2茶匙
水................1/2杯

做法：
1 將麵粉挖一麵牆，中間放上糖、泡打粉、酵母、沙拉油及水，由中心處攪拌至成一麵糰，再搓揉至光滑，放置發酵約30分鐘（冬天需較長時間）。
2 高麗菜洗淨，剁碎，加入鹽，拌勻後放置約10分鐘，搓揉幾下後捏乾水分；蝦皮洗淨，濾乾；蔥切蔥花。
3 豬肉加入①料攪拌至有彈性，再加入香油、高麗菜、蝦皮及蔥、薑末。
4 麵糰發好後再揉一次至光滑，分成30等份，放置約15分鐘，擀成外圍較薄中間較厚之圓薄片（圖①），中間放上內餡，捏成包子狀（圖②）。
5 蒸籠之水燒滾後，放上包子，以大火蒸約15分鐘。

豆漿

材料：
黃豆..............500公克
糖................適量

做法：
1 黃豆以水浸泡約6小時（冬天約需8小時），至膨漲約2倍大。
2 取1大杯泡好的黃豆，放入果汁機內加水2杯，攪打成泥後將汁裝入濾袋內，壓出豆汁，將渣渣取出，繼續將全部浸泡好的黃豆打完，再將所有渣渣放入果汁機，並加入適量的水繼續打成泥後將汁濾出。
3 所有打好的豆汁放入鍋內，以中火煮至滾後，再改小火煮約30分鐘，煮時注意經常攪拌一下，防止沾黏鍋底，煮好後加糖調味即可。

簡單做菜有撇步
※豆漿煮滾後再煮時，火力不可太大，若火力太大豆漿很容易溢出鍋外。

聰明替代做好菜
※內餡可自行變換，加雞肉或放筍丁、筍干都很好吃。

簡單做菜有撇步
※麵糰發酵時要蓋好，再度發酵時也要蓋好，否則表皮很容易龜裂。

今天吃什麼？

breakfast

蔥油餅

材料：

中筋麵粉..........300公克
熱水（100℃）.......3/4杯
冷開水.............1/3杯
蔥花.............約1杯
鹽、沙拉油..........適量

做法：

1 麵粉沖入熱水，水一定要滾燙，以筷子快速攪拌均勻，再調入冷水及2大匙沙拉油成麵糰，放置醒約20分鐘。
2 麵糰分成4等份，擀成大薄片，或以手壓成大薄片，麵板不要撒粉，若怕沾黏，則在擀麵棍及麵板上抹上油，麵皮盡量擀薄，再刷上油，並均勻的撒上鹽及蔥花，再將麵皮捲成筒狀（圖1），再捲裹成圓形（圖2），放置醒約15分鐘，再將麵皮擀成較薄一點。
3 鍋中熱油約2大匙，放入餅皮煎至兩面呈金黃色即可。

聰明替代做好菜
＊在麵皮表面撒上一些白芝麻，可添加香味及口感。

簡單做菜有撇步
＊若希望蔥油餅做起來更軟更好吃，可在前一天晚上先將攪拌好的麵糰放入冰箱冰至隔夜，取出再擀，不僅麵皮更好擀，同時餅皮煎後也更好吃。

小米稀飯

材料：

小米.................2杯
米..................1杯
蘇打粉............1/4茶匙

做法：

1 將兩種米混合洗淨，加入10杯水，再加入蘇打粉攪拌均勻後，以大火煮至滾，用湯勺攪拌均勻，注意不要沾黏底部，再改用小火燜煮約10分鐘。
2 熄火，繼續燜約10分鐘再食用。
3 食用時可依個人喜好添加鹽或糖。

聰明替代做好菜
＊將小米改成綠豆，即成為綠豆稀飯。

簡單做菜有撇步
＊煮小米時加入蘇打粉可加速熟度，同時煮出來的稀飯較好吃。

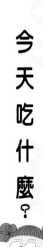

今天吃什麼？

breakfast

饅頭夾蛋

材料：

中筋麵粉...........300公克
水................約180公克
糖................20公克
泡打粉.............1茶匙
乾酵母.............1茶匙
沙拉油.............1大匙
蔥................1根
鹽................少許
蛋液..............1個

做法：

1 麵粉中間挖一麵牆，放入水、糖、泡打粉、酵母，慢慢由中心往外攪拌，至成麵糰，再用力搓揉至光滑麵糰，若不太會揉，可以雙手交叉，將麵糰推開（圖1），再揉，這種方法較不費力。

2 揉好麵糰蓋好放置發酵至約2倍大（冬天需較長時間），發好麵糰以拳頭一拳擊下，將空氣壓出（圖2），揉至將麵糰切開後，沒有坑洞為最好，再將麵糰整形成長條，切小塊，放置發酵約30分鐘，放入蒸籠內以大火蒸約20分鐘。

3 蔥切成蔥花，以蛋液、鹽攪打均勻；平底鍋燒熱，放入油，再淋蛋液，至蛋快凝固時，將其整型成長方形。

4 饅頭切半，中間放上蔥花蛋即可。

簡單做菜有撇步

※麵糰整形好後，須再度發酵才放入蒸籠內蒸，否則效果不好。

鹹豆漿

材料：

豆漿................2杯
蝦皮...............1大匙
碎蘿蔔乾...........1大匙
醋................1大匙
糖................1大匙
鹽...............1/4茶匙
醬油..............1茶匙
蔥花..............1茶匙
油條..............少許

做法：

1 蝦皮與碎蘿蔔乾洗淨，捏乾水分，若蘿蔔乾太鹹，可先用水浸泡約10分鐘。

2 鍋中熱油1茶匙，放入蝦皮及蘿蔔乾，以小火炒至香，淋上醬油，加入糖拌炒至溶化，再以鹽調味。

3 豆漿燒熱後，淋在炒好的蘿蔔乾上，加入醋放置約2分鐘，調勻，上撒切碎的油條及蔥花。

簡單做菜有撇步

※蛋白質碰到酸性物質會起化學作用而成凝固狀態，所以豆漿加上白醋就會造成豆漿內的蛋白質凝固。

今天吃什麼？

breakfast

美式早餐

材料：

雞蛋....................2個
火腿（或培根3片）......3片
吐司..................2片

做法：

1 將2粒雞蛋去殼，放入碗內。
2 平底鍋放入少許油，不要燒至太熱，同時將2個雞蛋放入，以小火煎至半熟，只煎一面稱為Sunny Side up（圖1）。
3 若將蛋翻面再煎，煎至蛋黃未熟，還有液體狀時稱為over easy，若兩面煎至完全熟，蛋黃已凝固，則稱為over hard。
4 火腿煎熱即可：若培根則需煎至熟，因培根為生肉，最好能將油逼出煎至有點酥脆，則味道更香。

聰明替代做好菜

※除了煎蛋以外，還可將蛋做成炒蛋，也就是Scrambled eggs，將蛋打散後，加入1大匙奶水調勻，鍋內放入1大匙奶油溶化後，放入蛋液炒熟，食用時再添加鹽及胡椒粉：通常炒蛋會在底部放上一片吐司，吸收油份及水分，可使炒蛋口感更好（圖2）。

簡單做菜有撇步

※最好使用平底不沾鍋，較不容易將蛋弄破。

咖啡

材料：

磨好咖啡粉......1又1/2大匙
滾水....................1杯
奶精、糖............適量

做法：

1 沖泡咖啡之過濾器上放濾紙，內放咖啡粉，再將過濾器放在咖啡杯上。
2 將熱水由咖啡之中心處淋下，水柱不要太粗，且不要倒得太快，再慢慢由內往外繞，至完全滴完即可。
3 飲用時可依個人喜愛添加奶精和糖。

聰明替代做好菜

※忙碌時喝即溶咖啡可省很多時間，不是有一則廣告：再忙也要陪你喝杯咖啡。

簡單做菜有撇步

※1杯水可以沖泡出約八分滿的咖啡。

今天吃什麼?

Breakfast

蛋卷（Omelet）

材料：

雞蛋.....................2個
番茄丁...............2大匙
洋蔥丁...............1大匙
火腿丁...............1大匙
鹽.....................1/4茶匙
胡椒粉...............少許

做法：

1 雞蛋去殼打散，加入番茄丁、洋蔥丁、火腿丁、鹽及胡椒粉攪拌均勻（圖①）。
2 鍋內放入1大匙奶油，再放入調好的蛋液，攪拌至約6分熟，還有些液狀時，將蛋推至鍋邊（圖②），慢慢推動，滾動至蛋凝固成形且完全熟時即可。

聰明替代做好菜

※喜歡吃青椒的人，可以加少許青椒丁，還可添加玉米粒等。

簡單做菜有撇步

※使用小型的平底不沾鍋較好操作，火力不可太大，否則很容易燒焦。

伯爵奶茶

材料：

伯爵茶包...............2包
檸檬皮...................1片
奶精.....................3大匙
糖.........................1小包

做法：

1 檸檬只取皮部份，白皮部份要削除乾淨。
2 將檸檬皮及奶精放入沖茶器內，再放入茶包，沖入熱水，將茶包在熱水內抖2、3下，蓋上壺蓋，使茶包浸泡約3分鐘即可。
3 飲用時可依個人喜好添加適量的糖。

聰明替代做好菜

※也可使用一般紅茶包。

簡單做菜有撇步

※奶精使用一般沖泡咖啡用的粉狀奶精即可。

今天吃什麼？

breakfast

法式吐司 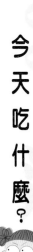   ## 熱巧克力牛奶

材料：

吐司..................2片
雞蛋..................1個
奶水..................1大匙
肉桂粉................少許
楓糖漿................適量

做法：

1 吐司切除四周硬邊，對切成三角形。
2 雞蛋去殼打散，加入奶水及肉桂粉調勻。
3 吐司沾上蛋液。
4 平底鍋放上1茶匙奶油，煮至溶化，放上吐司（圖1），煎至2面皆呈金黃色。
5 食用時淋上楓糖漿或蜂蜜均可。

聰明替代做好菜
※奶水可用一般鮮奶替代。

簡單做菜有撇步
※將吐司去邊較漂亮，煎出的顏色也較均勻，若不去邊也可以。

材料：

可可粉................1大匙
鮮奶..................11/2杯
巧克力醬..............2大匙

做法：

1 可可粉過篩與巧克力醬調成濃稠狀後，慢慢加入鮮奶調勻。
2 將調好的巧克力奶放入鍋內，以小火煮至滾即可。

聰明替代做好菜
※巧克力醬也可不用加，若不加巧克力醬則需加上糖一起煮。

簡單做菜有撇步
※甜份不夠，則自行增加糖量。

breakfast

煎餅（Pancake）

材料：

雞蛋.....................3個
糖.....................80公克
奶水.....................3/4杯
低筋麵粉.....................200公克
泡打粉.....................1茶匙
楓糖漿.....................適量

做法：

1 低筋麵粉與泡打粉混合過篩。
2 雞蛋以電動打蛋器打至起泡後，加入糖，打至濃稠狀，至以手指將蛋液挑起不會滴下時才可（圖1）。
3 將麵粉與奶水交錯的放入蛋糊內，攪拌成濃稠狀。
4 平底鍋燒至約6分熱，將麵糊由中心淋下，至成一圓餅狀（圖2），以小火煎至表面冒出很多氣泡時，將其翻面，再煎熟即可。
5 食用時淋上楓糖漿即可。

聰明替代做好菜

※沒有楓糖漿也可使用一般蜂蜜，但楓糖漿較香甜。

簡單做菜有撇步

※雞蛋若不容易打，可在打蛋盆下放置一盆熱水，可加快速度，使蛋糊打稠，不過所使用的打蛋盆必須是不銹鋼盆。

卡布基諾咖啡

材料：

熱咖啡.....................1杯
打發鮮奶油.....................適量
肉桂粉.....................少許
檸檬綠皮.....................1小片

做法：

1 檸檬皮切成細絲。
2 將打發鮮奶油擠在咖啡上，上撒肉桂粉及檸檬皮。

聰明替代做好菜

※在鮮奶油上放彩色巧克力米則為維也納咖啡。

簡單做菜有撇步

※檸檬皮為添加香氣，也可用磨皮機磨皮。

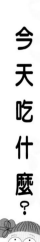

今天吃什麼？

breakfast

草莓鬆餅（Waffle）

材料：

低筋麵粉..........200公克
泡打粉..............1大匙
雞蛋................2個
牛奶............1又1/2杯
沙拉油.............1/4杯
糖................50公克

草莓醬材料：

草莓...........約200公克
糖................80公克
玉米粉.............1大匙

做法：

1 低筋麵粉與泡打粉混合過篩；雞蛋之蛋白與蛋黃分開。

2 蛋黃加入30公克糖以電動打蛋器打至呈乳白色，再加入牛奶、麵粉攪拌均勻後，再加入沙拉油。

3 蛋白打至起泡後，加入剩餘的20公克糖打至挺立，再拌入蛋黃糊內（圖1）。

4 鬆餅機兩面燒熱，放入麵糊（圖2），煎一面後將另一面合起，翻面再煎另一面，至兩面皆成金黃色。

5 草莓去蒂，切小塊，加入糖煮至稠狀後（圖3），以調入1大匙水的玉米粉勾芡煮成糊狀，煮好後與鬆餅一起食用。

簡單做菜有撇步

※將蛋白拌入蛋黃糊內時，可先取約1/2放入麵糊內拌至快勻後，再將剩餘的蛋白拌入，這樣可減少蛋白因攪拌太久而消泡。

葡萄汁

材料：

紅葡萄..............20粒
水...................2杯
果糖................2大匙

做法：

1 葡萄將籽挖除，放入果汁機內，加水打成泥後過濾。

2 果汁加入果糖調勻即可飲用。

聰明替代做好菜

※可使用家中現成的水果。

簡單做菜有撇步

※早餐一杯新鮮的果汁，是一天活力的來源，一部果汁機即可輕鬆完成，何樂不為？

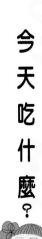

今天吃什麼？

breakfast

沙拉三明治

材料：

吐司........................6片
馬鈴薯......................1個
雞蛋........................1個
什錦冷凍蔬菜..............1/2杯
火腿........................2片
美奶滋......................3大匙
鹽........................1/4茶匙
胡椒粉......................少許

做法：

1 吐司切除四周硬邊。

2 馬鈴薯去皮切小丁，加入1
大匙水，以保鮮膜包好，放入
微波爐內，煮約5分鐘，待涼
備用。

3 雞蛋帶殼煮至全熟，去殼後
切小丁；什錦冷凍蔬菜以冷水
沖至解凍後，放入熱水內煮約
2分鐘，取出濾乾水分；火腿
切小片。

4 將馬鈴薯放入大碗內，加入
雞蛋、什錦蔬菜、火腿、再加
入美奶滋（圖1）、鹽、胡椒粉
攪拌均勻。

5 取1片吐司，舖上什錦沙拉，
再蓋上1片吐司即可。

聰明替代做好菜

※也可將蘋果去核心切丁，代替馬
鈴薯。

簡單做菜有撇步

※使用冷凍蔬菜較方便，烹調時間
也較短，不過也可使用新鮮的胡蘿
蔔、青豆仁，但較費時。

胡蘿蔔果菜汁

材料：

胡蘿蔔....................1/2根
西洋芹菜....................1根
西瓜..................約80公克
蜂蜜........................2大匙

做法：

1 胡蘿蔔去皮切成4長條；西
洋芹菜切成小段；西瓜只削除
綠皮部份，再切小塊。

2 將胡蘿蔔、芹菜、西瓜依序
放入榨汁機內，打成汁，再加
入蜂蜜攪拌均勻即可。

聰明替代做好菜

※也可使用一般芹菜代替西洋芹，
每天一杯芹菜胡蘿蔔汁對高血壓患
者很有益。

簡單做菜有撇步

※若沒有榨汁幾可使用一般果汁機，
但打好後要以濾網過濾去渣。

今天吃什麼？

找對材料做好菜

我們的特色

菜式豐富，印刷精美、圖片漂亮，絕對值得收藏。◎每道菜色都有清楚的步驟圖，初學者就能上手。◎專業的食譜老師親身示範，輕鬆進入西點世界。

Cook50013

●我愛沙拉

── 50種沙拉、50種醬汁的完美搭配

香草蛋糕鋪金一鳴著

定價280元

健康、美味、快速、簡便的現代飲食趨勢非常符合沙拉的寫照，於是本書集合了50種受歡迎的沙拉，包含：各國的經典沙拉，及各樣肉類、海鮮、蔬菜、穀類及甜點沙拉。讓沙拉不僅是夏日的清涼小品，在秋冬時也可享用溫熱的沙拉；甚至做為開胃、主菜、配菜、餐後食用也非常適宜。

書中設計了50種醬汁，可依醬汁的類型：清爽油醋汁型、濃稠美乃滋汁型，和食材做多樣的搭配，讓醬汁和沙拉不再只有單調的組合。

為著不善烹飪的初學者考量，書末介紹製作沙拉的蔬菜及醬料，並詳述材料的挑選與清洗保存，讓你吃得健康又營養。

是目前國人自製最詳盡的沙拉食譜，包含50種沙拉與50種醬汁的完美搭配。

本書為中英文對照。

Cook50012

●心凍小品百分百

資深烹飪老師梁淑嫈著

定價280元

本書運用坊間可買到的各種天然凝固劑，設計出各式各樣的甜、鹹小品。

從最傳統的洋菜粉、布丁粉，到葛粉、地瓜粉，以及吉利丁、聚丁T，甚至豬皮都可以烹調出各種食物，不僅可製作甜點、果凍、冰寶，還可以做出各式各樣冰涼的菜餚。

無論是夏日消暑小品或平日的開胃小點均適宜。

本書為中英文對照。

Cook50011

●做西點最快樂

西華飯店點心房副主廚

賴淑萍著

定價320元

最流行的起司蛋糕、巧克力、慕斯、派、司康和瑪芬、薄餅、午茶點心大集合。

最熱門的提拉米蘇、義式鮮奶酪、冬日限量生巧克力、偶像日劇中的燒蘋果。

隨書附贈：

●海綿蛋糕基本做法、手指蛋糕基本做法、塔皮、派皮基本做法

●剩餘派皮的運用──起司條、葉子餅做法

●三角紙袋、花嘴、簡易巧克力裝飾片的做法及使用方法

●日式烘焙術語解讀──輕鬆看懂日文食譜

Cook50010

●好做又好吃的手工麵包

── 最受歡迎麵包輕鬆做

優仕紳麵包店陳智達著

定價320元

集合了50種最受歡迎的麵包，包含：甜麵包、可鬆類麵包、白燒麵包、多拿滋麵包、歐式麵包、花式麵包等六大類。

作者以從事烘焙業20年的經驗，指導讀者輕鬆做出好吃麵包的方法：按照配方準備材料、製作過程中溫度及時間的控制要適宜。

本書在每單元的最開始提供麵糰製作的過程及配方，讓讀者可直接用到同單元的麵包中，不需要做配方的換算也不浪費麵糰；在目錄中也整理出會重複用到的餡料，讓你更方便找尋。

Cook50008

●好做又好吃的低卡點心

香草蛋糕鋪金一鳴著

定價280元

50種低熱量甜點，除了原本即屬低卡洛里的甜點外，也在傳統的甜點製作上，選用些替代的原料或不同的組合方式，讓熱愛甜點者既可盡情享受美食又不必擔心體重上升。

依甜點的製作特性和材料，以春夏秋冬四季區分：春天篇選取以蛋白為主要原料或原有配方加重了蛋白比例的甜點。夏天篇挑選了慕思、果凍、和冰淇淋等清涼的冷點，減少鮮奶油的使用量，而代以蛋白、優格、豆腐和新鮮水果。新鮮的蔬果和天然穀類自然成為秋天篇裡烤焙各種派、塔和小蛋糕的主角。冬天篇，給自己一些小小的縱容，準備稍高熱量的麵糊類、巧克力口味蛋糕，讓歲末寒冬也有更多的暖意。

COOK50系列

我們的特色

菜式豐富，印刷精美、圖片漂亮，絕對值得收藏。　每道菜色都有清楚的步驟圖，初學者就能上手。　專業的食譜老師親身示範，輕鬆進入西點世界。

Cook50007
●愛戀香料菜

－－教你認識香料、
用香料做菜
李櫻瑛著　定價280元

　　把中外的香料以最家常的方式呈現於菜餚中，讓遠來的香料不那麼異國、不再遙不可及，也讓讀者明瞭中國人自己的香料特質，尋找屬於本土的香氛。
　　為著不善烹飪的初學者考量，在食材的處理上有清楚詳盡的方法可供參考。「香料輕輕說」緩緩介紹各式香料的來由、傳說以及使用方法，並附乾香料圖片，以利讀者選購。
　　書末〈關於香料，你可以知道更多〉將國內的香料購買地、香料的保存方法、香料圖鑑以及各式香料的建議搭配──說分明。

Cook50006
●烤箱料理百分百

梁淑愛著　定價280元

　　選購烤箱的6大原則。
　　正確使用烤箱的6大重點、用烤箱烹飪菜餚的6大訣竅。
　　菜餚內容包括：海鮮、雞鴨、牛肉豬肉、蔬菜、點心和主食。
　　梁老師烤箱料理保證班，清楚的步驟圖，就算第一次下廚也會做！詳細的基礎操作，讓初學者一看就明瞭。

Cook50005
●烤箱點心百分百

梁淑愛著　定價320元

　　作者自20年前出版第一本國人自製烤箱食譜，至今已銷售近10萬冊。本書沿承朱雀文化西點食譜一貫的編輯方針，以紮實詳細的小步驟圖帶領讀者進入西點烘焙世界，教導讀者看書就會成功做點心。
　　教你做一個師傅級的戚風蛋糕、為心愛的人裝點一個美麗的蛋糕、發麵及丹麥麵包的製作方法、千層派皮、塔皮的製作方法，內容包括：蛋糕、麵包、派、塔、鬆餅、酥餅和餅干、小點心。
　　梁老師西點保證班，清楚的步驟圖，就算第一次下廚也會做！詳細的基礎操作，讓初學者一看就明瞭。

Cook50004
●酒香入廚房

－－用國產酒做菜的50種方法
圓山飯店中餐開發經理
劉令儀著　定價280元

　　繼《酒神的廚房：用紅白酒做菜的50種方法》之後，作者再接再勵教讀者以國產公賣局酒添加入食材中，提高食物的色香味。酒類包括高粱、紹興、米酒、水果酒及啤酒等。
　　本書為目前市面上第一本以國產酒入菜的創意食譜。包括魚蝦海鮮、雞鴨家禽、豬牛畜肉以及什蔬、主食、及甜點。

Cook50003
●酒神的廚房

－－用紅白酒做菜的50種方法
圓山飯店中餐開發經理
劉令儀著　定價280元

　　本書為目前市面上第一本以紅白葡萄酒入菜的創意食譜。包括涼拌沙拉、羹湯類、熱食主菜及甜點冰品。
　　步驟簡單，作法容易，適合追求時尚、效率，求新求變的年輕上班族。
　　作者現任台北圓山飯店中餐開發部經理，曾任美國洛杉磯希爾頓飯店中餐開發經理。擅長創新做菜，是食譜界的明日之星。現為NEWS98「美食報報報」節目主持人。
　　吳淡如、林萃芬、鄭華娟、陳樂融、蘇來、景翔專文推薦。

朱雀文化 和你快樂進入烹飪新世界

如果你對朱雀的書有興趣：1.請到全國各大書店選購，如果找不到，請洽書店服務員，可能賣完了喔！2.請到郵局劃撥朱雀文化事業有限公司19234566 3.請親洽朱雀文化 (02) 2708-4888 歡迎來出版社喝杯茶呀！

朱雀文化事業有限公司 台北市建國南路二段181號8樓 電話：(02)2708-4888 傳真：(02)2707-4633

新東陽簡便早餐

新東陽食品教你，利用現成的材料，
經由簡單的調理，創造美味新高點。

肉醬三明治

材料
吐司...................2片
新東陽肉醬..........1/2罐
美奶滋...............1大匙

做法
1 取1片吐司，均勻抹上美奶滋，再將肉醬鋪平。
2 蓋上另1片吐司，將四周硬邊切除後，再對切成三角形。即成一客好吃的肉醬三明治。
＊也可以將吐司以烤麵包機烤至你所需要的焦度後再製作。

肉鬆飯糰

材料
壽司米...............1杯
水....................1杯
新東陽肉鬆..........約1杯
芝麻香鬆.............適量

做法
1 壽司米加水煮成米飯後打鬆，待稍涼後，取1張保鮮膜鋪平。
2 取適量壽司飯，中間放上2大匙肉鬆，再放上少許芝麻香鬆，將米飯捲成筒狀即可。
＊可以在飯糰上撒些香鬆點綴，吃起來更美味。

饅頭夾香腸

材料
小饅頭...............數個
香腸.................數根
（數量以食用人數決定）

做法
1 饅頭蒸熟（在各地皆有售現成饅頭，也可照本書早餐部份教法自己做。）
2 鍋內放冷油後，放入香腸，開小火，加蓋煎約2分鐘，掀蓋後翻面再加蓋，再煎約2分鐘，如此煎至整條香腸呈金黃色，取出待涼切片。
3 饅頭橫片切開，不必切斷，中間夾香腸即可。

新東陽風靡你的胃

新東陽食品教你，利用現成的材料，
經由簡單的調理，創造美味新高點。

新東陽
食品館

想知道更多的資訊，請至新東陽網頁瀏覽www.hty.com.tw

如有任何查詢及指教，請洽顧客免費服務電話080-011367，以便盡快為您服務

COUPON COUPON COUPON COUPON COUPON COUPON COUPON COUPON COUPON COUPON COUPON

憑本券優惠至新東陽食品館全省門市

消費西式肉品（德國豬腳、萊茵火腿、香燻火腿）

可享 **85**折優惠

· 本優惠券限使用一次，影印無效。
· 本優惠券不得與其他優惠活動同時使用。
· 本優惠券金額使用限制為5,000元，超出部份金額恕不優惠。
· 結帳前請先告知門市人員有此優惠券。
· 本優惠券限使用期限為即日起至民國90年8月31日止。

CooK50009

今天吃什麼？
——家常美食100道

作者	梁淑嫈
攝影	孫顯榮
美術編輯	王佳莉
文字編輯	葉菁燕
企畫統籌	李橘
發行人	莫少閒
出版者	朱雀文化事業有限公司
地址	北市建國南路二段181號8樓
電話	02-2708-4888
傳真	02-2707-4633
劃撥帳號	19234566 朱雀文化事業有限公司
e-mail	redbook@ms26.hinet.net
網址	http:// redbook.cute.com.tw
總經銷	展智文化事業股份有限公司
ISBN	957-0309-13-X
初版一刷	2000.06
初版二刷	2000.10
定價	280元
出版登記	北市業字第1403號

國家圖書館出版預行編目

今天吃什麼：家常美食100道／梁淑嫈 著
--初版. -- 台北市：朱雀文化，2000
〔民89〕面； 公分. --（Cook50；9）
含索引
ISBN957-0309-13-X（平裝）
1.食譜

427.1   89006490

全書圖文未經同意不得轉載和翻譯

本書如有缺頁、破損、裝訂錯誤，請寄回本公司調換

COUPON COUPON COUPON COUPON COUPON COUPON COUPON COUPON COUPON COUPON COUPON COUPON COUPON

新東陽食品館　豐富你味覺上的享受

西式肉品
（德國豬腳、萊茵火腿、香燻火腿）

85折優惠

使用期限至民國90年8月31日止

Cook 50